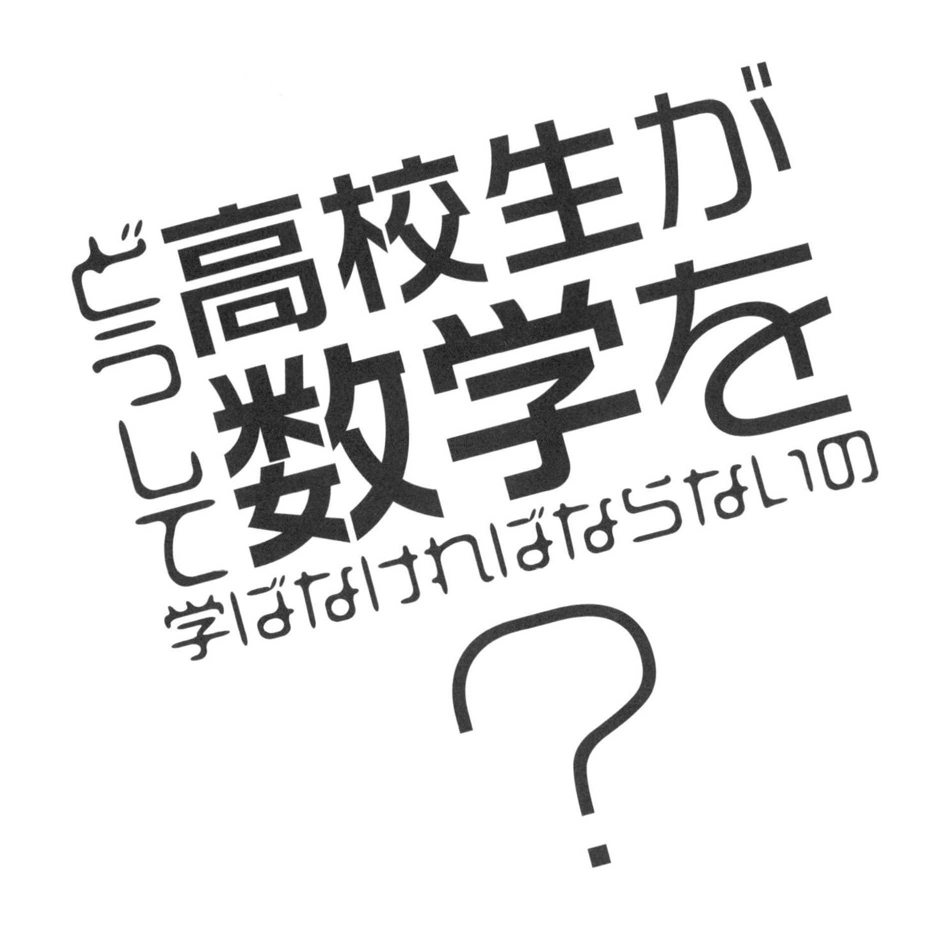

どうして高校生が数学を学ばなければならないの？

大竹真一 編

大阪大学出版会

まえがき

「どうして高校生は数学を学ばなければならないの？」
この問いかけはおよそ10年前から問われ続け、一時は社会現象としてブームであったように思います。さまざまな方がさまざまな機会にその答えを模索してきました。しかし、その答えのいくつかは高校生たちを必ずしも説得できない結果となったようです。たとえば、

「数学は役に立つ学問である。電気製品も自動車も飛行機も数学抜きでは生まれてこなかった」
　➡「役立つことなんて言われなくても知っているよ。だったらやりたい人がすればいいことだし……」
「数学は人類の優れた文化遺産だから、守り伝えていかねばならない」
　➡「私でなくてもいいでしょ。お能だってすぐれた文化遺産だけど私やってないわよ」
「数学は面白いよ」
　➡「僕には面白くない」「私も！」

と、このようにいとも簡単に、高校生に「論破されて（？）」しまいます。これは
　　　「私は」というキーワード
の前に敗退してきたような気がします。この
　　　「どうして数学を学ばなければならないの？　私は？」
にいかに答えるべきかがテーマなのです。
　つまり、この「どうして高校生は数学を学ばなければならないの？」という問いかけには、きわめて社会的な様相を示しながら、実は個々の

認識、意欲、プライド、志向などに関する個人的なものに対する答えが必要なのです。

＊

多くの数学にかかわる人々は、考えることは楽しいことであると思っていると思います。自らの力で考えを進め、何らかの結論（ときには失敗）を得るのですから、楽しくないはずがないと……。

もちろん、これは数学に限られたことではありません。物理学や生物学、経済学や社会学、さらには芸術や芸能、さまざまな社会生活においてすら、およそ、人類の文化に自らかかわろうとするすべての人々は楽しんでいるはずでず。ある種の苦しみを伴うことはあるでしょうがそれをも含めて意欲があるといった方がいいかもしれません。

しかし、

考え、判断し、自ら考えを進めていくことが苦痛そのものとなってしまったとき、

楽しいこと、学び自らを高めることから、逃げ出そう

とします。自らを高めることは人間のもつ最も大きな自由の一つでしょう。その自由から逃避しようとするのです！

そして「どうして学ばなければならないの」という

心の叫びとなる

のです。

この苦痛、逃避、叫びから「脱出する」ためには、考える能力を高めることが不可欠です。考える方法の取得、考えるための知識、考えるための時間、そしてこれらの最も根源にある、

考えようとする意欲と

それができるという自信（過信でもいい!!）が必要

です。（実は、個人的には意欲と自信が必要でありかつ十分だと思っています）

私たち著者にできる、そしてやらねばならないことは、何なのでしょ

うか。この、過去から長い間多くの人々が答えることのできなかった問いかけに対して、たとえば、

- 数学は、さらに、学ぶことは、自らを高めることであり、楽しいことであると身をもって示していく。
- このようにして、数学を使っているという現実を紹介する。
- こうして数学の勉強の仕方がわかり出来るようになったということを具体的に語る。

など、多くの語りかけが出来ると思います。

本書において、寄稿下さった先生方は、答えることのできなかった問いかけ「どうして学ばなければならないの」に対し、さまざまな解答を示しています。

寄稿下さった先生方の原稿をただ並べるだけでも、十分に読み応えのある有益な書物であり、読者諸氏は興味ある個所からどのように読んでいかれてもよいのですが、その目安になるかと、全体を 3 つのパートに分けました。

＊　＊

それぞれの文章は、互いに内容は知らないままに執筆され、それぞれの先生方の思いを語られているのです。納得できるところ、ちょっと意見が合わないと思うところ、いろいろあって当然です。編者（大竹）も同じように感じることはさまざまです。

それぞれの文章の向かうベクトルは
独立な方向を向いています。
それがこの本の最大の特徴（特長）かもしれません。

人の考えは多様です。思考の自由こそ、数学を学ぶ大切な理由かもしれませんね。前提が異なれば、そこから出てくる性質も異なる（敢えて数学的に言えば、公理が異なればそこから出てくる定理も異なる)、しかし

　　　その間にある論理は
　　　揺るぎないものでなければなりません。
そこが、私の最も楽しいなと思った点です。

＊　＊　＊

では、答えることのできなかった問いかけ
　　　「どうして高校生が数学を学ばなければならないの？」
に対する先生方の「解答」をゆっくりと楽しんでください。

大竹真一

目次

パートⅠ

数学を学ぶってどういうこと？

1

人生の道具箱に数学を
——たかが数学、されど数学

門田英子

1．物理学概論ばかりを教えて20ん年

数学の話のはずなのに、いきなり物理の話ですみません。

「あなた、物理好き？」と聞いたら、ほぼすべての学生が「No！」と声を上げる。そんなクラスばかりを受けもって20年余り。「嫌いな上に、わからない」二重苦の物理を、なんとか面白いと思って欲しい。そんな気持ちで大学で物理学概論の授業をして来ました。

やれそうなことならなんでもやって、「面白い！」と思ってもらえればそれで本望。大学の授業なのに、動物を作る長いバルーン、毛糸のボール、レターケースの引き出しなど「ナンに使うの？」と思われるようなものを持ち込んでみたり、物理ネタで4コマ漫画（図1）を描いてプリントに入れてみたり。学生はもちろん事務職員の方や講師室でお会いする先生方から失笑を買うこともしばしば。ひたすら板書して、教科書読めば何とかなるだろうという授業が多かったひと昔前から比べれば、「これでもか」と言わんばかりの「なりふり構わぬ」「サービス精神旺盛な」授業をやって来たわけです。

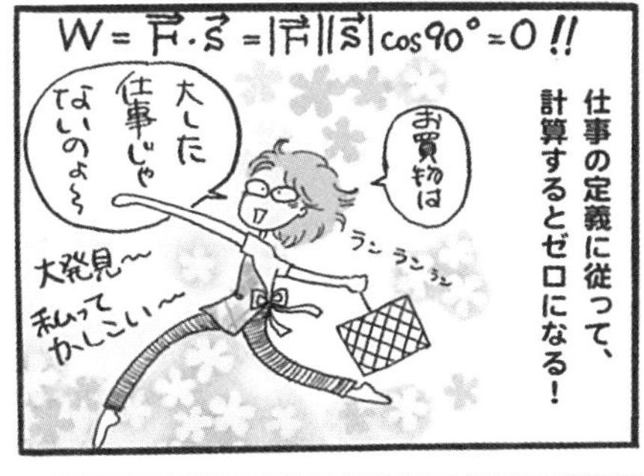

図１　４コマ漫画（仕事の定義は内積ですから、かごを持って歩くと妙なことが起こります）

でも、時代はもっと先を行っていました。テレビや予備校では「わかりやすく」がモットーの番組や授業がもてはやされ、「教える」という活動がショーアップされ、もはや「ただ目を引く」だけでは立ち居行かない。さて、次の一手は？　と思っていたところに、「科学コミュニケーター募集！」のWebページを発見して、早速応募してしまいました。

私が物理を教えてきたクラスというのは、農学部だったり、理学部でも生物学科や地球科学科や、教育学部など大学の中でも「物理を将来専門にしない」学生のクラスだったりなので、そりゃ、物理が好きな学生なんてほとんどいなくて当たり前なのです。そんな彼らの将来の夢は「森林資源の活用」、「ゲノム解析して新薬開発に携わりたい」「品種改良したい」など、一見物理と無関係。彼らも物理を知っていた方が良いに決まってるとは思っていても、「何の役に立つの？」という猜疑心が先に立ってしまう状態。ところが、彼らの想いとは裏腹に、多くの学科で「物理学概論」は必修です。つまり、単位を取らないとゼッタイ卒業出来ません。もっと言うと、「就職出来ても、卒業させません」という恐ろしい事態もありえるわけです。各学科の先生方は「将来専門分野を学ぶのに物理は必要」だと思っているから、必修にしているのですが、当の学生たちには物理の重要性が「？」なわけです。こうなると彼らにとって「物理」は「めーわく」以外の何ものでもないのです。

このギャップを埋めるために、私は自分の方から彼らの世界に足を踏み入れることにしました。それが「科学コミュニケーター」という「お仕事」だったのです。もちろん、物理以外の話を授業でしたこともありました。細胞膜での電位の発生原理や、細胞内で分子モーターの話題などの話をしましたが、物理に関係があるから「添え物」として話をしていた程度です。要は自分の視野が物理に固執してしまっていて、他の分野を知らなすぎたんですね。物理だけでなく、生命科学、ロボット工学、宇宙開発など先端科学に目を向ければ、もっと授業の幅も広がるだろうと思って、「ダメもと」で応募してみたのでした。

2. 科学コミュニケーターというお仕事

「科学コミュニケーター」を募集していたのは、日本科学未来館という東京・お台場にある国立の科学館です。宇宙飛行士の毛利衛氏が館長を務める「先端科学技術」に焦点を当てた科学館で、剥製や化石はありません。バックヤードでは大学や研究機関などに研究スペースも提供していて、現在進行形の研究活動を間近に見て体験出来る科学館です。年に2回ほど、科学コミュニケーターを募集していて、科学コミュニケーション事業に力を入れています。これとは別に東京・上野の国立科学博物館では「科学コミュニケーター養成実践講座」が開かれています。

日本科学未来館ではいろんな経歴の科学コミュニケーターに会いました。メキシコの大学院でひたすらゴキブリの解剖に明け暮れた人、農学部なのに天体写真を撮ってばかりいた人、芸術大学で彫刻を学んだのになぜか昔の人の頭蓋骨から顔の復元をすることになった人、生物学科だったのに特許関係の仕事をしていた人。世の中こんなに多彩な人種がいるのだと驚かされるような安心したような感覚になりました。そのような環境で1年間来館者と対話しながら科学コミュニケーションを学びました。

それにしても「科学コミュニケーター」も「科学コミュニケーション」も聞き慣れないかも知れません。日進月歩で科学が進展し、日常生活が便利になる中で、私たちユーザーとの距離はどんどん開いていきます。そんななか、「科学技術白書」（文部科学省）で2005年、対話型科学技術社会における科学技術のあり方が取り上げられ、サイエンス・コミュニケーションの必要性が指摘されました。

（以下抜粋）科学者等が社会的責任を果たす上で求められるのは、今までの公開講義のような一方的な情報発信ではなく、双方向的なコミュニケーションである。ただ単に知識や情報を国民に発信するというのではなく、国民との双方向的な対話を通じて、科学者等は国民のニーズを共有するとともに、科学技術に対する国民の疑問や不安を認識する必要がある。

つまり、科学者が科学技術を発展させるとき、社会的ニーズや国民の理解を得ながらともによりよい社会にしていくことに留意する必要があるというわけです。ただ、国民の方が科学者の言葉がわからなければ、相互理解が成り立ちません。このとき、必要になるのが科学コミュニケーションのスキルであり、科学者と国民の間に入ってお互いの信頼を築いていく役割を期待されているのが科学コミュニケーターなのです。たとえば、大学の公開講座があったとしましょう。講演者は、聴衆にわかりやすく話そうとするでしょうが、それでも「ここは、わかりづらいのでは？」と思われるところで、科学コミュニケーターは、軌道修正したり、聴衆に変わって質問したりします。よりよい講演会にしていく役割を担うコメンテーター兼司会者のような存在なのです。

さらに前出の「科学技術白書」では、2000年代に入ってしだいに顕著になって来た「こどもの理科離れ」という現象も取り上げられています。物理だけでなく理科全般を子供たちが苦手に思っているという現象が調査によって明らかになったというのです。現に、2003年のOECD（経済協力開発機構）の生徒の学習到達度調査では、日本の順位が全体的に落ちたり[1]、2004年に発表された高校生の学力調査でも、理数系の科目に対する正解率の低さややる気の低さが明らかになりました[2]。恐れていたことが現実に数字になって表れた瞬間でした。

実際、私が教えていた電磁気学では電気力線のガウスの法則を扱う時、どうしても球の表面積が必要になります。2005年から2010年くらいにかけて、「球の表面積の公式を知ってる人！」と聞いても手を挙げる学生は100名中数人で、それも「どこで習ったの？」と聞いてみると「塾」「予備校」という回答でした。もちろん、本当に球の表面積を教えようと思ったら、積分をちゃんとやらないと出て来ません。なので、高校でも教えるのは大変です。それでも、以前は円の面積の延長で中学などで教えていたものですが、詰め込み授業が批判されて、さらに「円周率（π）が3でもいい」になってからというもの、球の体積と共にどこかに追いやられてしまいました。

もっとも、球の表面積を知らないからと言って、即、学力水準が下がるとは思いませんが、ガウスの法則を習ったときの「感動」は確実にダウンするでしょうね。そ

1　文部科学省2003年度調査　http://www.mext.go.jp/b_menu/toukei/001/04120101.htm

2　国立教育政策研究所　http://www.nier.go.jp/kaihatsu/katei_h14/H14_h/summary_index.htm

の延長線上に「理科離れ」があるんだと思います。しかし、その後πはいつのまにか3.14にもどり、良いか悪いかはさておき、球の表面積をとりあえず憶えて大学まで来てくれるようになり、ガウスの法則の神髄をたっぷり話すことが出来るようになりました。

子供が「理科離れ」になり、日本の学力水準が下がったのが世界的に露呈された——問題はこれにはとどまりません。理数系の能力が弱まると科学技術の発展や新産業の創造といった面で世界に遅れをとります。「理科離れ」は、「技術立国日本」を根幹から揺るがす問題としてが認識されるようになりました。私は日本の「国力低下」が懸念されるから、「理科離れ」が問題だというつもりはありません。誰も国家のために勉強しているつもりはないでしょうから。実は「理科離れ」はもっと身近な問題と結びついています。それは、「ニセ科学の氾濫」です。「科学的な」考え方が身についていないと、「なぜ？」をいつも心に持っていないと、科学の皮をかぶった「ニセモノ」にだまされてしまう可能性があるのです。たとえば、「金縛り」は、生物学的には普通に説明出来る生理学的現象ですが、その事実を知らなくて、「霊の仕業だ！」などと言われてしまうと、信じて高額な壺や水晶の印鑑を買わされてしまうこともありえます。

もっと身近なところでは、たとえば、血液型占い。血液型占いの本がベストセラーになるなど、大人を含め血液型と性格の話題がヒートアップしました。性格が合うか合わないか、友達の選定まで血液型で行うなど、子供の間でいじめにまで発展したこともあり、2014年には心理学の専門家が「血液型の分類で性格を分類する占いを、統計学的に否定する研究論文」[3]を発表するにまで至っています。そして注目すべきは、ネット上では「この論文の結果を見てもなお」やはり血液型占いを信じるというアンケート調査の結果が出ています[4]。科学的根拠がないと知ってなお、「いやいや、やっぱり、相関関係はある！」と主張する「大人」または「若者」が50%以上いるのです。もっとも、私はこれを完全否定する気はありません。将来血液型を決める遺伝子が、性格を司る遺伝子に何らかの影響を与えていたという研究が出て来る可能性だって皆無では無いからです。ただ、信じるかどうかと言われれば、信じるに足る根拠がないものは、私は信じませんし、ましてこれで他人の性格を決めつけたりはしないということです。

いかがですか？　私たちは、科学技術の中にどっぷり浸かって生活しているのに、それを理解することも有り難がることもあまりしていないのではないしょうか。それどころか、「科学っぽい」ものには、必要以上に振り回されもしますし、誤った判断をすることもあります。「科学的なものの見方」を国民全体で底上げするために、科学コミュニケーションという手法が近年注目されてきたわけです。

3　心理学研究 2014　http://www.psych.or.jp/publication/journal085_2.html

4　j-cast ニュース　http://www.j-cast.com/2014/07/21211037.html

3.「子供の理科離れ」から「若者の理系離れ」へ

科学コミュニケーションは、子供の理科離れの問題にも大きな役割を果たすものと期待されています。そのため、今や全国の科学館ではよりわかりやすい展示を心がけたり、多彩な参加型の実験教室を用意して、さまざまな場面で子供たちの興味関心を引き上げる活動が活発化しています。ただ単にわかりやすい展示を作ったり、プレゼンテーションしているのではなく、科学コミュニケーションのスキルを応用して創意工夫がなされているのです[5]。

ところが、理科離れを年代別に詳しく見ていくと、興味深いことがわかります。小学生の頃は理科が好きだったという子供たちも、中学高校となると、だんだん理系から離れていくという調査結果があるのです[6]。「子供の理科離れ」とひとくくりに言われますが、その実態は「若者の理系離れ」なのではないかというのです。みなさん、お心当たりがあるのではないでしょうか。日本科学未来館にも、小中学生が遠足に来てくれます。小学生は展示に駆け寄って来て、ボタンを押して変化を見たり解説を聞いてくれたりしていますが、中学生になるととたんに

5　知識基盤社会を牽引する人材の育成と活躍の促進に向けて ―本文―文部科学省（科学技術・学術審議会人材委員会、2009） http://www.mext.go.jp/b_menu/shingi/gijyutu/gijyutu10/toushin/attach/1287784.htm

6　国立教育政策研究所「平成24年度　全国学力・学習状況調査　報告書・集計結果」について　http://www.nier.go.jp/12chousakekkahoukoku/index.htm

一歩引いてただ眺めています。高校生が来てくれるときは、だいたい理数系の高校生なので、興味を持って展示の解説を読んでいます。逆に興味のない高校生は来館しません。このような中高生の理科離れ対策として、近頃では、地方の科学館などでも科学コミュニケーション講座などが催され、理科教師の方も出席されていて、生徒の興味がわくような授業のスキルを学ぶ機会も増えています。また、理科好きを継続的に育てるカリキュラムなど人材育成プログラムが実行され多方面に渡って方策が繰り広げられていますので、効果を期待したいところです[7]。

理科離れについては、「理系進路」に進む生徒の比率は減っていないという調査結果[8]などさまざまな研究・論説などあります。しかし、本書のテーマとなっている「数学」が原因で理系から離れるという話は現に良く聞きます。私が実際高校の先生から聞いた話ですと、受験科目で理系文系のクラス分けをするとき、多くの生徒が「数学が出来るか、出来ないか、好きか嫌いか」がひとつの物差しにしてしまうようです。日本科学未来館にやって来た女子高生3人組が、私のところに来て「リケジョになりたいんですけど、数学が出来なくて、どうしたらいいですか？」と聞かれました。せっかく「リケジョ」（理系女子）という言葉が定着して来たのに、数学が原因で理系から離れ、進路の選択肢が狭くなるのは、残念なこ

7　科学技術関係人材総合プラン 2010—文部科学省　http://www.mext.go.jp/b_menu/shingi/gijyutu/gijyutu10/siryo/__icsFiles/afieldfile/2013/05/16/1287968_007.pdf

8　科学技術白書 2006　http://www.mext.go.jp/b_menu/hakusho/html/hpaa200601/001/002/0402.htm

とです。「科学」コミュニケーションでは手の打ちようがないのでしょうか。

4．私の場合

少し私の話をさせて下さい。私は、広島県の田舎町で大学進学まで過ごしました。父は働きながら夜間高校に通った機械工で、たった一人で工場を経営していました。自宅の工場は下請けの下請け。母は、高校の家政科を出て事務仕事をしたり、木工所に勤めたり、自宅で襟の芯（固いところ）をアイロンで貼付ける内職したりしていました。勉強しなくていいから、家の仕事を手伝いなさいという家庭で、中学高校の頃は、工場のドリルで穴あけを手伝ったり、一枚2～3円程度の芯貼りの内職（図2）を明け方まで手伝っていたものです。うちには田んぼも畑もあり農作業の手伝いもしました。翌日テストだというのに、寒い中、漬け物にする大根を川で約200本洗わされたこともありました。

そんな家庭環境でしたが、小学生の頃たまたま目にした虹色に輝く天体写真に魅せられ、天文学大好き少女になりました。勉強二の次という家庭でも、星好きも手伝って小学校の頃はそこそこ点も取れていました。ところが、中学に入ったら英語が始まり、算数が数学になり、周りはみんな「塾」通い。私は相変わらず手伝いの毎日で、父が工場の機械を新しくするために、数百万から数千万円の借金を繰り返すので、塾や習い事は御法度。たちどころに、数学と英語が置いてけぼ

図2　母の内職。

りになりました。とにかくひどい点を取って帰ったことを憶えています。

それでも、社会と理科は大好きで、数学と英語が出来ない分を埋めてあまりあるほど点を稼ぎました。特に歴史が大好きでした。なぜか。塾にも習い事にも通わせてもらえなかった分、手伝いがないときは、ヒマだったので伝記や星の本を読むか、漫画を描いていました。ですから、小学生の頃は図書室にある伝記をほとんど読んで歴史好きになっていました。

この歴史好きは、天文学好きにも影響していました。何が面白いって、天文学そのものというより、天文学を発展させて来た人の歴史が面白かったのです。小学6年の時、『宇宙の果て―激突する宇宙論』[9]というアメリカのジャーナリストが書いた宇宙論の解説本を読んで、ひどく感銘を受けました。いまでは当たり前になっている膨張宇宙論が発見された経緯について書かれた本です。多くの物理学者と天文学者が理論と観測結果をぶつけ合う様子がリアルに描かれています。アインシュタインは膨張宇宙論を否定し、他方、天文学者たちは膨大な外銀河のスペクトル（図3）を測り、遠い銀河ほど私たちの銀河から速く遠ざかっている、つまり膨張している観測結果を得ました。まさに激論の末、アインシュタインが膨張宇宙論を受け入れるに至ったドラマが、研究者の息づかいが聞こえて来そうなタッチで描かれています。今とは比べ物にならないローテクな観測機器しかなく、一晩かけてたったひとつの星を追い続け、やっと一枚天体写

9　チモシィ・フェリス著、斉田博訳『宇宙の果て―激突する宇宙論』地人書館（1979年）。

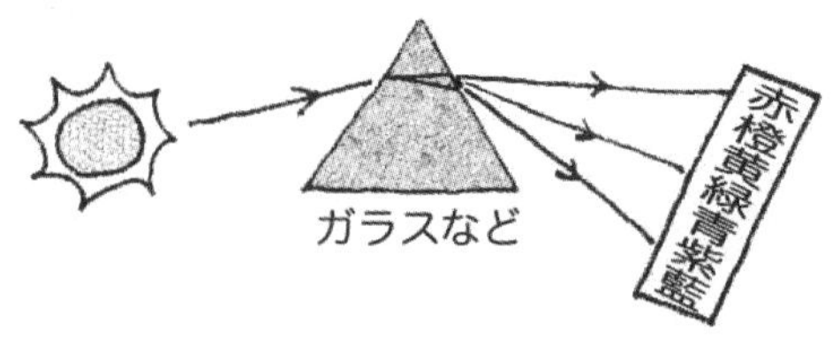

図3　スペクトル。光がガラスなどに斜めに入射すると虹色が現れます。この虹色の別れ方は、光を発する物体の運動や構成物質の情報を含んでいることがわかっていました。恒星のスペクトルを観測して、ほとんどが水素やヘリウムで出来ていることがわかりました。1920年代から盛んに銀河のスペクトルが観測されました。

真が撮れるような過酷な観測環境でした。気が遠くなるほど地道な作業をやってのけた天文学者たちに、私は本当に感動しました。これが、数学が出来ないのに理系に進んで「宇宙論を勉強したい！」と思うようになった原点です。

5. 数学を別の観点から見てみよう

5.1　科学コミュニケーターの視点から

私は、宇宙論に感動して嫌いな数学も仕方なくつき合うことにしました。ところが、受験勉強をするうちに数学者の「根性」に驚くことがあり、転機を迎えました。基礎的な数学Ⅰをやっていては、聡明な数学者が牙を剥くような場面は見受けられませんが、複雑な数列問題や微分積分などでは、よくもよくもこんな手を思いついたもんだ……と感心することがたびたびあります。たとえば、積分。xの2次式にルートがかかったような複雑な式を積分するとき、ありえないでしょ？　と思える方法でやってのけるのです。x をいったん $tan\theta$ などに置いたあと、t などに置き換えるといった具合です。もともと積分出来る式の形は多くはありません。この勝利パターンを知り尽くしているからこそ、複雑に見える被積分関数をこれでもかと思える変換をし、なんとかその形に持って行きます。このとき、ただ解いているだけだと見過ごしてしまいますが、何問も解いていると数学者の執念にも似た「技」を感じるような気になりました。

そして、さらに感動したのは、数学的帰納法という証明方法でした。なぜか。1のときこの式が成り立つ。k のとき成り立つとすると、k+1 のとき成り立つことが示せれば、どんな数字になったとしてもこの命題の式は成り立つ……すばらしいじゃないですか。どんなに大きな数字になろうとも、天文学的数字になろうとも、私が一生たどり着けないような数字であろうとも、このツーステップのみで、その命題は証明されるのです。これを習ったとき、頭が宇宙の果てまで飛んでいったような気がしたのを憶えています。そんなご縁でコミック『証明の探究　高校編！』[10] という漫画を出版させて頂きました。科学コミュニケーションのスキルを生かして、どのポイントを強調するとわかりやすいか、どんな言葉遣いが読者に伝わりやすいかを考えて描いた漫画です。

π が 3.14…なのも、半径を半円の円周にへばりつかせたら 0.14…個分の半径が残ってしまうからで（図 4）、昔の人はたくさんの円を描いて描いて描きまくったはずです。「ちょうど 3 個貼り付きました！」となったら、きっ

10　原作：日比孝之、漫画：門田英子、コミック『証明の探究　高校編！』大阪大学出版会（2014 年）。

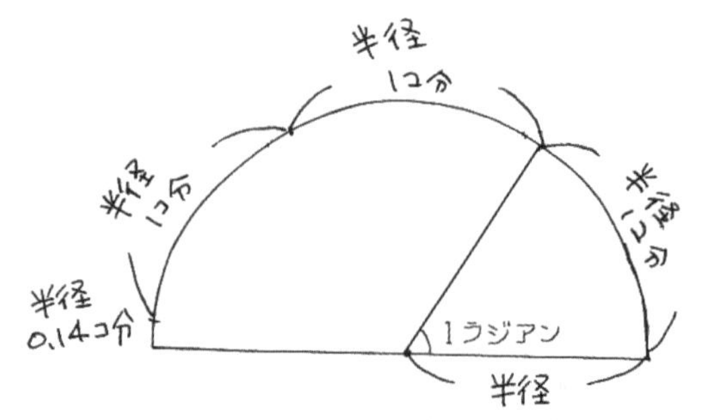

図4　πって？　物理では角度を rad（ラジアン）で測ります。半径一個分を円周に貼付けた時に対応する中心角が1ラジアン。したがって、πは 3.14…ラジアン。その時の説明にこの図をよく使います。

と、「あーすっきりした！」と思ったかもしれません。でも、なりませんでした。「たかがπ」の値を求めるだけで紀元前から数学者たちは、あの手この手を使って正確に求めようとし、数多くのドラマを作って来ました。私たちが気にしないだけで「されどπ」なのです。私たちは先人が努力して勝ち得た成果の「上前をはねて」暮らしています。今では、学校でさらっと習っていることも、発見された当時はきっと大きなオドロキと共に人類に迎え入れられたに違いありません。

科学コミュニケーターは、新発見や新しい技術が、歴史的に見てどのような点で変化をもたらすかに着目して話題を提供します。それは過去の発見についても言えることです。どうして数学なんてやらなきゃいけないんだろうと思っている人にとって、数学の三角関数や、指数・対数、空間図形など、見るのもイヤかもしれません。でも、きっとそれらが発見された当初は大なり小なりのドラマがあったはずです。数学を勉強するとき、理論を築いて来た人やその背景に焦点を当ててみたらいかがでしょうか？　それは、ひょっとしたら文系の人たちの方が得意な分野かも知れません。

5.2　数学は道具

さて、大学で宇宙論どころか、素粒子・原子核理論の勉強もして、今では大学で物理を教えていますが、数学で落ちこぼれたときのつらさは忘れていません。受け持つクラスでは、ほとんどが中学以来物理をやっていない学生でしたから、物理がわからないという学生の気持ちも理解出来ます。物理の中で学生がつまずく数学の例を見てみましょう。

一つ目は、物理に出て来る「公式」を「数字を入れたら答えが出て来る魔法の道具」だと思っている学生が少なくないということです。「とりあえず公式憶えとけば大丈夫」が間違いのもと。何年か前ですが、力学のはじめに習うニュートンの第2法則、$F=ma$ のところで、「質量 $m=50kg$ の物体に $200N$ の力を加えたときの加速度 a を求めなさい」という問題がいつまでたっても答えられない学生がいました。よくよく聞いてみたら、$F=ma$ の式を、質量 m と加速度 a の値を「入れたら」力 F が出て来る式だと思っているので、a を求めよといわれたらどうして良いかわからなかったというのです。この式は「運動方程式」だと習ってもなお、数学で習った「方程式」と同じだとは思えなかったのです。その後、その学生は「公式」なるものが「方程式」であると「認識」出来るようになってからは、「目から鱗が取れた」ように物理の問題が解けるようになり、難なく単位を修得していきました。これは大学生としてはかなりレアなケースですが、高校生あたりだと少なくない生徒がそういった傾向にあるのではないでしょうか。

数学で習ったことを、理科で応用するようになったとたんに、立ち止まってしまう。そんなケースをもう1例。力学も少し進むとエネルギーを習います。力がした仕事を計算してエネルギーを求めるとき積分しなくてはなりません。力の式を示して「さあ！　積分して！」と促すと、ピタっ！　と手が止まります。積分は習ったはずなのに、出来ない。学生のノートを覗き込んで「ここで、r の2乗分の1は、r の何乗？　そう r のマイナス2乗だよね～、じゃ、r の肩にマイナス2って書いて。そのマイナス2を積分したら肩の数字はどうなるんだっけ？」という具合に、いちいち「手取り足取り」授業をします。すると、ここで珍事が起こります。実は、そんなことをしなくても、余分な記号、たとえば、クーロン定数や万有引力定数や質量、電荷などをそぎ落として、r を x と置き換えていつも計算し慣れた x のマイナス2乗の積分の式にしてやれば、あっさり積分できてしまうのです（図5）。

いかがですか？　数学は数学、理科は理科という住み分けが、あなたの頭の中で出来上がっていませんか？　理科の中でも物理は最も数学に近い学問です。数学という「言葉」をつかう学問と言っても良いでしょう。なので、物理は極端な例だったかもしれ

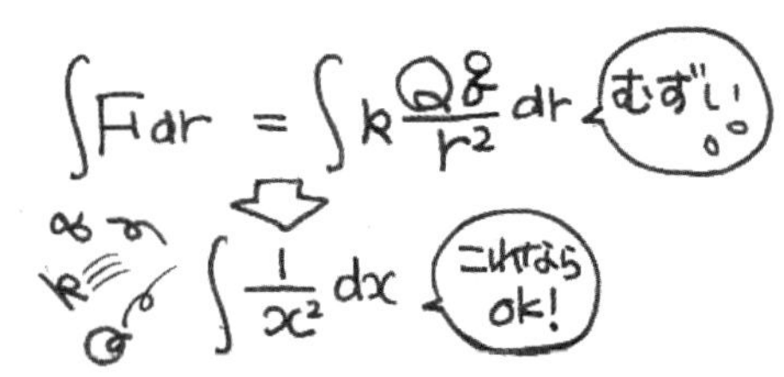

図5　r^2 分の1を r で積分出来なくても、x^2 分の1を x でなら積分出来るようです。

ませんが、生物でも化学でも地学でも、少なからず「公式」や「方程式」は使うものです。数学者を目指さない限り、数学は「道具」です。

幾何学者ヒルベルトは振り返る。「かのアインシュタインも（レベルの差こそあれ）幾何学が苦手だった」[9]。それに続けて、「にも関わらず彼は研究した……数学者でもないのに」と。事実、一般相対性理論の完成を目指すアインシュタインは幾何学を専攻していた親友グロスマンに泣きついたそうです。「助けてくれ、気が狂いそうだ！」。どうです？　道具は必要になったら使えば良い。アインシュタインみたいに。そう考えると気が楽になりませんか？

そして、経済学でも数学は道具です。私は一橋大学の教授に微積分学を教えたことがありました。高校の微積から教えて欲しいと頼まれました。1年かけて微積を習ったあと、半年ほどで彼は経済学の論文を1本書き上げました。その後どんどん研究の幅を広げた彼も、以前は、微積なんて一生使わない！　と思っていたそうです。でも必要に迫られた。だから勉強し直した。大事なのは、自分に必要な道具が微積だと気づくことです。でなければ、どうして良いかわからなかったはずです。

最後に、私がどうやって嫌いな数学とつき合ったかを少し。なんと、ただ耐えました。まず、中1で挫折し、宿題だけは何とかこなし超低空飛行を続けました。ところが、中3になったら中1、中2の内容がわかるようになっていたのです。中3の内容は中1中2で習ったことを使うからです。高1のときも挫折しました。が、「きっと高3になったら、わかるようになるさ」と、わからないなりに腐らずコツコツつき合いました。今思えば、中1、高1の数学が一番苦痛でした。今習っていることが今後どう重要になるかわからず勉強していたからです。そして、受験勉強をしていた頃、数学者の根性を肌で感じるようになり、やっと数学自体に興味を持てました。「手は抜いても足まで抜くな」が嫌いな数学とつき合うコツだと思います。

振り返ってみると、数学は全部出来る必要はなくて、必要になった時に、道具を取り出して「技」を磨けば良いんだと思います。なぜ、高校で数学を学ばねばならないか？……だって、道具箱に何が入ってるか確認しておかないと、必要になった時取り出せませんからね。

若者と受験と数学と……

大竹真一

1. どうして高校生が数学を学ばなければならないの？

1.1 奇妙なタイトル

本書のタイトルである

「どうして高校生が数学を学ばなければならないの？」

という質問は、どう見ても奇妙です。

ヒト以外の動物では考えられない質問ですよね。猫の子は、狩りの仕方を親猫から学びます。子猫同士でじゃれあいながらその練習をします。何かを狩りの対象に見立てて一人で遊んでいることもあります。彼らは、学ぶことに実に積極的です。好奇心の固まりのようです。何も猫だけではありません。犬も、アザラシも、ペンギンも、動物の子供たちは、

「どうして学ばないといけないの？」

とは質問しません。

動物だけではありません。かつては、多くの高校生は多少（かなり？）背伸びして、さまざまな分野に、興味

を示していました。解析の本を訳もわからず読み進める、相対論の本をわかったつもりで読む、資本論の勉強会と称して議論する、ただ一人で文学に傾倒する、音楽にのめりこみ四六時中楽器に向かっている、ひたすら政治活動をする、スポーツに打ち込む、などなど、それぞれ興味の方向は違っていても、学ぶことに疑問の余地はなくむしろ学ぶことは本能的なものでした。このころには「どうして高校生が数学を学ばなければならない」という、

質問自体が存在しなかった

ようです。例えば、「源氏物語」に興味を持ちこれを将来にわたって研究してみたいと思う高校生は、数学は使わないかもしれないしあまり数学を勉強しないかもしれないけれど数学の勉強の大切さを否定はしなかったでしょう。

1.2　この質問にどう答える？

学ぶということは、動物的で本能的で、好奇心が最も原動力となり、「子猫が戯れながら、生きる術を身につける」かのごときものです。人間も「動物の端くれ」として、子猫と同じ思いを感じるはずです。筆者（大竹）は『数学を学ば《なければならない》の？』という質問の学ば《なければならない》に大きな違和感を感じます。数学は学ば《なければならない》ものではありません。したがって、大人たちは

この質問に答えてはいけない

のです（あれっ？　この本の存在価値自体が怪しくなっ

てきましたよ……)。もし、答えるべきことがあるとしたら（質問自体が成立していない！　ということを受け止めて)、自らの（数学や物理や古典やスポーツや音楽などへのそれぞれ各人の）思いを語ることぐらいでしょう。

＊

ではどうして、昨今、「どうして高校生が数学を学ばなければならないの？」という質問が話題になってきたのでしょうか。社会状況、経済的な格差拡大、将来に対する不安、ゆとり教育、……このようなこともかかわってはいるかもしれませんが、

学ぶということそのものの危機、変質

が最も本質的ではないかと思います。

数学に多少なりとも興味を持つためには、それなりの準備が必要です。テニスをうまくなりたいなら素振りも筋トレも必要なのと似ています。すべての高校生が数学を学ぶのは、その準備ですね。数学の基本的な考え方を学ぶと、数学に興味を持つ人が現れます。理系だけではありません。文系に進む人のうちにも数学は好きだったという言葉をよく聞きます。素直に面白そうと感じているところへ、「数学の問題が解けなければだめだ」という脅迫めいた状況が起こります。脅迫されて興味を持つことはあり得ません。そのような状況下で、

受験を意識した「効率優先の勉強法」
は勉強ではない

ということを、高校生たちは、無意識のうちに感じ始めて、「どうして高校生が数学を学ばなければならないの？」

という心の叫びになっているように感じます。これが、学ぶことの放棄につながっていけば大変な状況を生みます。

「どうして高校生が数学を学ばなければならないの？」という質問を生んだ要因の一つである、現在の受験勉強の現状はどのようなものでしょうか。このあたりから考えてみましょう。

1.3　まずい受験勉強をしている人が多い

数学の受験勉強でかなりまずい勉強をしている人が多いようです。まずい勉強というのはいわゆる解法パターンだとか受験テクニックだとかいう断片的な知識を使う練習ばっかりする、これがまずい勉強の仕方です。何がまずいのかといえば、そのようなパターン化、マニュアル化したものでは数学ができるようにはならない、受験対策としても効率が最も悪いということです。何故効率が悪いの？　と思うかもしれませんが、ここで二つの事例を挙げることにします。

パターン化になれてしまった受験生は、「関数 $f(x)$ が $f(a)=0$ を満たす」という条件があるとき解法パターン「$f(a)=0$ と来れば因数定理」に沿って

「因数定理により $f(x)$ は $(x-a)$ で割り切れる」
（誤り！）

と平然と言ったりします。因数定理は多項式が前提の定理ですが、$f(x)$ は多項式関数とは限りません。これが、因数定理を正しく理解しているかあるいはその証明を知っているならこんな誤りはしないはずですね。

こんなこともありました。夏期講習のときです。無理関数の増減に関する問題で、分子を有理化して議論を進めた講義の後、普段は教えていない生徒が、質問に来ました。

「先生、微分の問題で有理化を使っていいのですか？」
「えっ、どういうこと？」
「有理化は極限のときに『分数の不定形なら有理化』がパターンだと習いました」
「じゃあ、極限を求めるときに、なぜ有理化をしたのかな？」
「パターンだから……」

パターン化の弊害は、何も考えずに当てはめることと、パターン以外のことを認めないということにありそうです。もちろん、根はひとつ、

断片的なパターン化、マニュアル化は思考を停止させる

ということです。数学は思考の学問ですから、思考を停止することは数学から最も遠い行いということになります（数学だけに限りませんね、およそ学問は思考抜きでは存在し得ないですよね）。

＊

実生活において、経済効率からパターン化、マニュアル化は必要な部分もあります。しかし思考停止していいわけではありません。

与太話で聞いたことあるのですが、あるハンバーガー屋さんで20個のハンバーガーを注文したお客に、「お召

し上がりですか、お持ち帰りですか」と聞いたとか。とんでもないですね。「お持ち帰りですね」という確認だけでずっと効率的に事態は進みます。普通の客なら、20個のハンバーガーをお店で一人で食べるはずがないということに、考え至らないのでしょうか（お相撲さんなら話は別ですが）。

数学にも、知識も必要です。たとえば $\cos n\theta$（n は正の整数）をみれば、$t=\cos\theta$ の n 次多項式で表される、ということは一つの示唆を与えます。三角関数に関するの式を処理するときの方針を見抜くことができるときもあります。こうした

先哲の知恵をありがたく受け取り、それを身につける

ということ、これは大切なことです。公式というものにもこうした点があります。座標平面上で、点 $(x_1,\ y_1)$ と直線 $ax+by+c=0$ の距離を求める公式

$$d=\frac{|ax_1+by_1+c|}{\sqrt{a^2+b^2}}$$

は、高校の数学でも重要な公式ですが、これも便利なパターンと丸暗記するだけでは使いこなせるとは言い難いのです。少し難しい話になりますが（この後の数行の話がすぐに理解できないならちょっとスキップして、またいつか時間をかけて考えてみてくださいね）、この絶対値の中身の符号は、点 $(x_1,\ y_1)$ が直線 $ax+by+c=0$ の上方にあるのか下方にあるのかにより定まる、距離は上方か下方かにかかわらず決まるのだから絶対値が入っている、ということも、理解している必要があります。つまり、点 $(x_1,\ y_1)$ と直線 $ax+by+c=0$ の位置関係にもかかわっ

た公式なのですね。

こうしたことってどこに書いてあるの？　と思う人はこの公式の証明に戻ってみてください。この式の証明を考察する中で、さまざまなことが見えてくるはずです。だから、公式の証明は（公式を理解するうえで）重要ですね。公式の証明は入学試験に出題されるから覚えなければならないというのは、ちょっとずれた感覚です。公式の証明の中には数学の基本的な考え方や思想がぎっしりと詰まっています。公式の証明を学ぶと、こうした基本的な考え方や思想が身につくのですね。

公式をマスターするということは、単に暗記して代入するというだけではなく、それにまつわるさまざまなことをじっくりと学んで身につけるということです。

*

大学入試で難しいといわれる問題の多くは良問です。良問は、論理を積み重ね筋道立てて考えていくことで、解決できるような内容をもちます。ひらめきや思い付きは不要です。そして、いわゆる解法パターンとかをはずすような方向でオリジナリティをもった問題です。ですから、考え方をしっかりと身につけ、論理を積み重ね筋道立てて考えていくこと（これを「理詰め」といいますね）で解決するということができるようにしなければならない、これが数学では一番重要なことです。受験生はそこを学ばなければならないのです。

さらに言えば、断片的な知識としてのパターン化やマニュアル化は、将来何にもならない、それどころか、そのようなまずい勉強をすればするほど

パターン化とかマニュアル化とかがすべてという数学からは程遠いやり方（生き方？）が身につくのは若い諸君の将来にとって最悪

でしょう。

数学というのは、基本的な考え方をしっかりと学ばなければならないのです。解法パターンとかそんなことじゃあなくて、できるだけ深い数学の素養、数学的な見方、考え方を身につけ、理詰めで追いかけるということがしっかりとできるようにしなければならない、これが数学では一番重要なことです。そこを学んでもらわなければならない。そうすれば、入試問題ぐらい（!!）なら必ずうまくいくものです。

2．受験勉強の3つの迷信

受験勉強に関していくつもの「迷信」とでもいうべきものが存在します。それらにより誤った勉強法に向えば「どうして数学を学ばなければならないの？」という疑問に至りそうです。その中で筆者（大竹）が最も気になる数学の勉強の仕方に関する3つの迷信について考察します。

（1）疑問点はすぐに質問してその日のうちに解決する

（2）考え方を理解すると学力がつく

（3）模試は合格可能性の判定のためにある

これらは、正しそうに見えますよねえ。でも、必ずしもそうとは言えません。誤った数学の勉強法に陥りやすい罠が隠されているのです。

2.1 「疑問点はすぐに質問してその日のうちに解決する」という迷信

すごくいい勉強法のような気がするかもしれませんが、質問というのは勉強にとってどういう意味を持つのでしょうか。

ある予備校のパンフレットに、「授業でわからないことは後に残さず、すぐに質問することが重要です」と書いてありました。一面の真理でしょう。しかし、質問にも、いろいろあります。

「先生、ここの計算がわかりません」
見ると、単なる式の変形だけなのです。
「計算してみようか」
と（優しく！）言い、紙と筆記具を渡します。多くの場合、横で見ているだけで、生徒の自力で出来てしまうのです。
「わかりました」
といって生徒が帰ろうとすると、ここからが大竹先生の質問タイムです。
「なぜ自分でできるのに、考えもせずに“わからない”と言って来るの？」

質問して教えてもらうことが勉強だと錯覚している生徒がいます。実は質問だけで学力が伸びるとは思えません。質問してそれに答えてもらうことで学力が伸びるためには、生徒もそれ相応の準備が必要です。

《啐啄（そつたく）》という言葉、聞いたことあるでしょうか。「啐」は卵の中のひなの鳴き声、「啄」は親鳥がそれに呼応して殻をつつくことあるいはその音、よって、啐啄とはひなが育って卵の殻から出ようとする、そのちょうどのときに親鳥が殻をつついて殻から出ることを手助けする、そのタイミングの一致を意味しています。ひなが十分育たないうちに殻をつついて壊してしまったり、ひなが殻から出ようとしているのにその手助けをせず出ることができなかったり、そんなことになれば大変です。ひなと親鳥の、このタイミングの一致がひなが生れ出るのに大切です。

つまり、生徒のひとりが何か疑問があるとき、それについて十分に考えさまざまな思考をし、書物を調べ懸命にそれを追求していると、やがてその疑問の本質がわかり始める。この「機が熟してきたタイミング」で初めて先生は疑問の解決の契機を与える、ということです。十分に思考し機が熟して問題が解決したとき、単に答を得るだけでなくその疑問に関してほんとに深く理解し、答以上のことを得るかもしれません。こうしたときに学力はぐんとついているでしょう。まさしく、これが《啐啄》の機なんでしょうね。

疑問とは、その答えがわからないという単純な構造だけはありません。その疑問がどうして起こるのか、なぜ解決できないのか、それがわからないのですね。だから答を見出す方法がわからず、答がわからないのです。

「授業でわからないことを、すぐに質問する」と、少なくとも、

わからなかったことを
じっくりと考える機会を失ってしまう

ことは確かです。断片的な知識を得るに過ぎません。そんなことではまたすぐに同じように行き詰まってしまうでしょうね。その上、自分で考えて理解できたときの喜び（これは実際に経験してみないとわかりませんよね）も奪い去ってしまいます。家に帰ってからわからないことを、もう一度ゆっくりと考えてみる、時には数日考えてみる、自分で考えてわかることも少なくないはずです。ちょっと計算してみるだけで解決するようなことを質問するのは論外で恥ずかしいことというぐらいの心意気を、学ぶ者は持っておきたいですね。

*

数学の勉強にはさまざまな要素があります。入試問題を解くということに限っても、

- 問題を読んで内容を理解すること。
- その内容に応じて知識・経験・推論や理詰めを手段に方針もしくは結論を考察すること。
- さらにそれを計算や証明を経て答案の形にまとめ上げること。

すなわち、

読み取ること、考えること、表現すること、

ですね（おやっ、これは国語の現代文？）。

質問もこの要素に応じてさまざまです。知識、経験が不足していることが原因の疑問、質問なら、いくら考えても解決できないわけですから、速やかに書物で調べるか先生に教えを乞うべきでしょう。先生もこうした質問には、知識を与えたり調べるといい書物を紹介するでしょう。しかし、考えるべきこと、考えればわかる可能性

（学力によりますが）を含んだ疑問なら、考える機会を自ら奪うようなことをしてはいけませんよね。

数学は「あっ、こうか、わかった」という腑に落ちる感覚があった瞬間に学力がぐんと伸びていると思います。数学の学力は連続的に伸びるものではない、数学の学力は知識とともにある種の思想性（考え方の根底にあるさらに深い考え方、ものの見方）からなります。ある種の思想性がハッと得られた瞬間、ガッと伸びるのです。といってもわかりづらいので例を挙げますね。

たとえば、いくつかの文字を含んだ多項式を因数分解するとき、最低次の文字で整理しますよね。$P=a^3+a^2b+a^2+ab+b^2+b$ について因数分解を考えるなら、b について整理して

$$\begin{aligned} P&=b^2+(a^2+a+1)b+a^3+a^2 \\ &=b^2+(a^2+a+1)b+a^2(a+1) \\ &=(b+a^2)(b+a+1) \end{aligned}$$

これを

「最低次の文字について整理」
すればいいんだ、わかった、

と理解するか、さらにその考え方の理由にまで及んで、b について整理すると2次式、a について整理すると3次式、2次式と3次式ではどちらが因数分解しやすいか、といえば2次式、つまり、扱いやすさを念頭に、

「次数を考えてどの文字を主人公にすると
扱いやすいか」を考える

と理解するか、理解の仕方にいろいろなレベルがあります。

前者は単に因数分解の解法パターンの１つを得るということ、後者は因数分解に限らず多項式の次数という概念を理解したうえで多項式の取り扱いの基本的な考え方を身につけるということ、より深い思想性（繰り返しになりますが、考え方の根底にあるさらに深い考え方、ものの見方のことです）をもつのはどちらの理解でしょうか。

質問する前に、生徒が自らの手で、Pをbについて整理して因数分解してみる、Pをaについて整理して因数分解してみる、この二つの方法で因数分解を考察してみると、質問したとき、より深い理解を実感することでしょう。うまくいけば、質問する必要はなくなるかもしれませんね。

2.2 「考え方を理解すると学力がつく」という迷信

勉強はやっただけ学力がつく、といいたいところですが必ずそうではありません。

　　勉強していて学力がつく生徒
　　勉強しているけど学力がつかない生徒

がいます。そして彼らの間にはやはり勉強法に違いがあります。

解法の丸暗記というレベルでは学力がつかないのは当然なのですが、数学は理解することが大切だと知っている生徒でも、いつまでも数学ができるようにならない生徒がいます。

まず、

定義・定理・公式を覚えるだけでなく
理解しようとする

と学力は付きます。理解しようとすることは、これまで述べてきたように大切なことです。これとよく似ているのですがまったく違うのが

定義・定理・公式を覚えようとせずに
理解だけしようとする

ということ。これはどうでしょうか。この態度でどんなに頑張っても結局は理解できないのです。覚えていないからまた次の機会にゼロからの出発になる、それまでのことが定着していないから、理解そのものが薄っぺらなものになるということです。理解することと覚えることの両方が必要です。もっとも、定理や公式を覚えるというのは丸暗記ともちょっと違います。

たとえば、高校の数学Ⅲでは「平均値の定理」を学びます。この定理の前提に、関数が閉区間で連続、開区間で微分可能というような条件があります。これを、ただ単に丸暗記すれば、そのうち閉区間と開区間はどちらがどちらでどうなるか？！？　わからなくなるのは当然ですね。

なぜ、閉区間で連続でないといけないか、区間の端で連続でなければなぜ定理は成り立たないのだろうか、そのような例はあるかな、などいろいろと考察してみる、自分で例をつくったりして納得する、いくつかの練習問題で定理を使ってみる、など、

定理を頭の中で何度も何日も転がしてみる、

そのようなことをすると理解とともに記憶に定着し、決して忘れません。いや、それでも忘れたりあいまいになったりすることもありますが、そのときは証明を試みるのもいいですね。練習問題を解くのもそうしたことが目的なのです。そんなことをしているうちに、その定理や公式が馴染んでくるのです。そうなればしめたものですね。

そんなことなら一つの定理の習得にすごく時間がかかるのでは、と思うかもしれません。その通りです。

数学はそれなりの時間が必要です。

数学を仕事としている人の中には、「そんなに勉強しなかったけど数学はすぐできるようになった」という人もいます。多くの場合、実は時間を十分にかけているのです。ただ、いろいろ考えていることが楽しくて（少なくとも苦にならなくて）時間をかけたとは感じていないのです。ゲームの好きな人はゲームを4、5時間続けてもそんなにやっていたとは感じないのと似ていますね。

2.3 「模試は合格可能性の判定のためにある」という迷信

模擬試験は受験生にとって、時間を取られ、またその結果も含めて精神的な負担も少なくないものと思います。でも、模擬試験は何のためにあるのでしょうか。

模擬試験の目的は、実は、成績が上がったり下がったりを確認するためにあるのではないのです。というと怪（け）

訝（げん）な顔をされるかもしれません。もちろん、志望校との距離を測ったり、合格可能性を判定したりという側面は否定しませんが、それはあくまで第二義的なことと、筆者（大竹）は考えています。模擬試験には、受験生にとってもっと大切な活用の方法があります。

採点された答案が成績表とともに返却されますが、そのとき、満点だった受験生は、ただただ素直に喜べばいいのですが、必ずしもそしてほとんどの場合、満点とは行きません。試験には誤りがつきものです。成績が悪かったからといってがっかりするのは、模擬試験の本来の目的とは全然違うのです。

模擬試験でできていない問題があったら
むしろラッキー

と思っていいくらいです。自分のわからないところ、できないところが発見できたのですから。

学力を補う大きなチャンス

を得たわけです。よく勉強している受験生でも、自分で不足している部分を見出すことはやはり難しい、でも模擬試験なら、知らず知らずのうちに、それを気づかせてくれるのですから。自覚していなかった弱点や、意識せずに避けて通っていた点などが、浮かび上がってくるのですね。そうした点を埋めることにより学力を伸ばすことが出来るのです。

そしてその不足していた学力を補うことで、出来なかったところをできるようにすれば、はじめから出来た人と同じ学力に達するということになります？　ね。

逆に、模擬試験で満点をとったら、補うことはない。ちょっと損した感じですね。でもいいですよね、気分は上々だから。

同じようなことが、授業の予習においても言えます。

予習で問題が解けないのですが

という相談を毎年のように受けます。予習で全部解けるようならそもそも講義を受ける必要がないわけで、できないからこそ講義を受ける価値があるということもよく確認しておかねばなりません。もっとも、予習で全部解けるような生徒は、予習で解けた問題についての講義でもその中から何かを得てさらに学力に磨きをかけていくものですが。

3．若者の未来は限りなく大きい

若者――「脆弱（ぜいじゃく）さ」と「可能性」に満ちた言葉ですね。この言葉には、ある種のオーラのようなものを感じます。未来という言葉も同じように脆弱さと可能性を感じさせます。そのオーラのまっただ中にいる若者自身は、その脆弱さと可能性を気づかずにいることも少なくありません。多くの、かつて「若者」だった社会人は、それをよく知っているのですが。

3.1　自らを鍛える

生徒、学生という立場は

すべての時間を、
自らを鍛えるために使うことができる

幸せな時期です（もちろん各人それぞれさまざまな状況がありますから必ずしも100％の時間を……ではないかもしれませんが）。

一般に社会人ではこうはいきません。自分のためだけでなく、他の人々や社会のために、（そして生きていくために）時間を使う、それを社会人というのです。ときには損得勘定も伴います。

学生でボランティア活動をする人々もいます。素敵ですね。この人々は他の人々や社会のために働きますが、これも自らの意識、思想の実現をめざして、自らを鍛えているのですね。彼らの眼の中に社会的な損得勘定はありません。

スポーツをする人は、そのスポーツの練習だけでなく多くの場合「筋トレ」（筋肉トレーニング）も行います。それは、腹筋運動やスクワットや腕立て伏せなどで鍛えられます。さらに単調な素振りとかダッシュとかランニングとか基礎トレーニングは欠かせません。でも、誰も「どうして筋トレをしなければならないの」という問いは発しません。

早く試合をやりたいという思いがあっても、自己を鍛えることが前提だということを知っているからです。

*

効率ばかり考える人もいるようです。全然勉強せずに単位をとろうとするような学生（大学生）はその一例です。学生は、単位をとればそれでいいというわけではないのです。なぜなら、単位をとるということは、コンビニで買い物をするのとは違うのですから。コンビニでは消費者として対価のお金を支払うことによって何かを得ます。実は、この学生の行動はこの消費者の行動そのものなのです。

カンニングペーパーかもしれないし、だれかの答案を丸写ししたのかもしれないし、レポートならwebを使ってコピー&ペーストばかりかもしれません。そしてこの学生はめでたく？　単位を得たわけですが、自らは何の学力も知識も得ていない、そんなことには興味すらないのです。

消費者は対価を支払うことでサービスを受ける、その深い内容についてはなんら関心がない、一過性の利益でしかない、つまり、たとえばとても気に入ったケーキを買っても、そのケーキが手に入ったことだけで満足して、作り方から知りたいとは思わない、これが一般的な消費者の行動です。そうなると、対価は少なければ少ないほどいい、となってしまいます。ケーキを買うという経済的行動をする消費者なら、これでいいのでしょう。同じものを買うのに安く買った方がいいのですから。ここでは、効率が最も評価されているのです。

しかし、学生は消費者ではないのです。学生は、自らを鍛え自らが変わっていく、そのために勉強しているのですから。

受験勉強だってそうです。単に合格するための手段ではありません。大学入試がなぜ存在するか、を考えれば明らかです。単に合否を決めるだけなら、抽選で十分です。

もし、勉強せずに合格する方法があるなら、
それはやめておきなさい。

3.2　受験勉強は大学入試の合格が目的ではない

もっとも本質的なことは、受験勉強というのは大学入試の合格だけが目的ではないのです。大学入試はスタートにすぎなくて、大学に入ってから、さらには将来の人生のためにあるはずです。そこで身につけた、さまざまな考え方、知識（数学に限りません）、そうしたものが直接に間接に将来の勉強に、さらには将来の人生に、さまざまな示唆を与えるはずです。この将来まで視野に入れたような勉強は、すでに述べたような、

できるだけ深い数学の素養、考え方を身につけ、
理詰めで追いかける

ということ、論理を積み重ね筋道立てて考えていくことですね。

ちょっと逆説的ですが、この合格だけを目的としない勉強が合格への最も近い道なのですね。受験だけを目的とする断片的な、解法中心の、パターンに頼る勉強では結局あまりうまくいかない、かえって効率が悪いと思います。そのあたりからも、勉強法をどうするかということを考えていかねばなりません。

大学に入ってから、うんと楽しくさまざまな勉強するために受験勉強をするのです。もちろん、数学に限ったことではありませんが。

余談ですが、大学生が「浪人時代の方がすごく楽しか

った」なんて言うのを聞くと、がっかりするのです。思わず「じゃあ今、君は全然楽しくないの。それだったら何のために浪人したの」って言ってしまいそうになります。浪人時代が楽しかったと言うようではいけない、それが人生の中で最高であってはいけないということです。浪人時代のあと、いかにして大学でもっと勉強していくか、大学で勉強して、一所懸命やって、その先のこともっともっとやらなくてはならないと思うのですね。浪人時代が懐かしいというのはよくわかります。でも、楽しかったというのは少し違う、いつまでも予備校の周辺でウロウロしているというのは、やっぱりいけないって思うのです。

3.3　自ら未来を制限してはいけない

①　数学が苦手だと思い込んでいる生徒

数学が苦手だという生徒は少なくありません。でもその中には苦手と思い込んでいるだけの生徒もいます。一種の誤解とでもいうのでしょうか。最もよく受ける相談に

「図が描けません」とか
「図形が想像できません」とか
「空間ではどうなっているかわかりません」とか、

そういうのがあります。実は、

数学の図はきれいに描かなければならない
ということは、ないのです。

そんなものは初めからわかったりするはずないのですね。入試問題レベルなら、問題をさっと読んでサッサッと描けたりって出来るわけがない。

でも、受験参考書にしろ問題集の解答にしろ、はじめからきれいに図が描いてありますね。授業もそうかもしれません。時間が限られるから先生はわかりやすい図を黒板に描いて説明します。そうしたことから、図は初めからきれいに描けるものだと思ってしまうのでしょうか。あんなもの、その前に７つも８つも図を描いた後だから描けるのです。筆者（大竹）も問題を読んだとき（易しいのは別として）初めから図なんかわかりません。だからこそ、それを分析しわかるために、数学があるのです。つまり、数学の道具や考え方を手段として、式を変形したり交点を調べたり空間図形なら断面を調べたりするのです。そうして少しずつ状況がわかっていき最後に図が描けるのです。図が描けたころには問題が解けてしまっていることも少なくありません。

わからないときはわからなくていいのです。まず、ラフな絵を描いてみるいい加減なフワフワとした図を描いておくのです。そこから少しずつわかったことで図を描き改める、先ほど「その前に７つも８つも図を描いた後だから描ける」と述べましたが、描き改めていくと本当に７つも８つも図を描いてしまっていることも少なくありません。

じっくりと分析しながら７つも８つも図を描いて問題が理解していくのです。

これは図に関することだけではありません。数学Ⅲの積分で、部分積分とか置換積分という計算において

「置換積分を使うのか、部分積分を使うのか、
ひらめきません」

という生徒がいます。もちろんこれはうまく積分が出来るのは「ひらめいている」のだろうと思っているならそれは一種の誤解です。それぞれの公式や導関数から、どちらの公式を用いるかは、「必然的」なのですね。

直感やひらめきがないから数学ができないと思っているのかもしれません。これこそが最も大きな誤解ですね。直感やひらめきではなく理詰めで、つまり、論理を積み重ね筋道立てて考えていくことで考えることですね。

② 過去は問わない

若者の可能性は果てしなく広がるもの。自分の思い描く将来に進んでもらいたいですね。その根底にあるのは

過去は問わない

ということです。

「君はどの方面に進みたいの？」
「まだ決めていません」
「えっ、行きたい学部とか、全然、何も決めていないの？」
「………」
「やりたい勉強とか……」
「本当は、僕は数学が好きなのです。でも、成績が良くなくて……」

成績が良くないと、志望校も言えない、ということで

しょうか。しかし、

今の学力は過去における蓄積であるが
今の勉強は未来に向けてのことである

のです。過去にサボってきた、過去に教えてもらえなかった、過去に学ぼうとしなかった……いろいろな状況を抱えていることでしょう。しかしながら、若者の可能性は大きい、きわめて大きい、だから、

過去は問わない、
自ら未来を制限してはいけない、

と思うのです。

実際、筆者（大竹）は生徒の能力というものをかなり信頼しています。生徒がわからないといっても必ずわかる可能性を秘めていると思っています。講義の際、どんな学力の生徒であっても、語るべきと思う数学を遠慮しないで（？）話すことにしています。話のレベルに遠慮しないのです。意外と生徒たちは理解しようとするものです。彼らは潜在的に学びたいと思っています。もちろんすべてのが、というわけには行かないかもしれませんが。

絵の上手な人や歌の下手な人がいるようにすべての人が数学ができるようになるとは思えません。でも、数学に限りません。古文や漢文が読める人はとても素敵でうらやましくさえあります。魚のことはものすごくよく知っているとか、歌舞伎の研究に没頭しているとか、外国語に長けて海外に出て買付をやっているとか、人はそれぞれさまざまな方向で自らの人生を送っています。すべ

ての若者のそれぞれの方向性をもった可能性は信じていかないと……と思っています。

4．数学は人類の文化である

沖縄の那覇市の壺屋通り（やちむん通りといわれるところですね）を訪ねたことがあります。ここには、陶器のお店が多くあります。ただ眺めているだけで、これはきれいだなとか歴史があるのだろうなと漠然と見ているのですが、ここにある那覇市立壺屋焼物博物館に入っただけで、少し見方が変わったのです。ちょっとした知識を得るだけで、焼物をみる気分が変わります。「このカラカラは荒焼だな」とか、「これは手びねり形成だ」とか……。もちろん、ほんの断片的な知識とも呼べないような知識ですが、たったそれだけで変わるのです。うんと勉強したなら、もっともっと面白くみることができるかもしれません。

数学も面白いと思えるためには知識とともにいろいろと考えることが前提です。さらに、高校生や受験生諸君はできるだけ高いレベルから問題をみるということも心がけることも必要ですね。

とにかく数学というものがどんなに面白いものかということを知れば、勝手に勉強はどんどん進みます。だからこそ数学というものは受験ということじゃあなくて、その先を見越したような勉強を常にしなければならない、先を見越しての勉強なんですね（それが受験生にとっては一番合格につながる勉強でもあることはすでに述べたとおりです）。

4.1　数学を勉強するということ

数学を勉強するということは、

> 授業を受けたり、
> 教科書や参考書などを読んで学んだり、
> 友達と数学の議論をしたり、
> 先生に教えてもらったり、
> そして、自分で考えたり、

そうしたことの総体なのです。

授業や書物から勉強するということは、どういうことでしょうか。数学は、何千年という長い歴史を持っています。多くの人々が数学を研究し今日までつくりあげてきました。今も発展し続けています。数学は、歴史的な文化遺産なのです。現代に生きる私たちは、その文化遺産としての数学を感謝して受け取るのです。

さらに友達との議論や先生から教えてもらうことを通して文化遺産の一部ですがこれを確認し、そして、自分の頭で考える。文化遺産としての数学を受け取るためには、また、しっかりと頭を使わなければならないのです。

では、高校生や受験生が数学を勉強することを、もう少し具体的に考察してみましょう。

①　問題を解くということは数学的体験をすることである

問題を解くとき、筋道を立てて考えるための論理や、その論理に基づいて緻密に考えを進めるという数学的な見方考え方、さらに、定理や公式などにふれ、自分の言葉で考えを述べる、という単純な作業の中でも多くの数学的体験をすることになります。日常生活の中でも、例

えば買い物一つでも、数学的な体験をすることもありますが、

問題を解くことはあるテーマと
方向性をもったピュアな数学的な体験

です。もちろん、そこに、

点数がどうのこうのというような雑音は不要

ですよね。解けた、解けないで一喜一憂するには及びません（ただし、解けたときは大いに喜びましょう）。問題が解けなくてもその問題に接したことで、理解が深まることが少なくありません。問題の難易というのも出題の要素にひとつに過ぎず、あまり本質的ではありません。入試問題にいえることですが、難しくも易しくもその出題の仕方ひとつでどのようにでも出来るのです。

② 数学的体験を通して、数学の歴史を追体験することになる。

数学は長い歴史を持った、人類の文化の一つだと、筆者（大竹）は思っています。

高校のレベルの数学でも、ほんの少し前には、最先端の数学であったわけですから。そうした歴史を背負った文化である数学を若い世代の諸君が学ぶことができるということは

身震いしそうなぐらい、
「すごいこと」なんです

そして、問題演習をすることで、若者のそれぞれ各人の中に数学の歴史の賜物を蓄積し定着させることができ

るのですから、まさしく、文化の流れの中で数学を学んでいるのですね。

さらに文化ですから面白くないはずがない。何よりも、数学の問題を解くのは、それはそれで面白いですよね。娯楽でありゲームでもあるのです。

4.2　数学という文化に接するということ

「先生、数学の問題が解けません」
「まあ、数学の問題なんてそう簡単に解けるものではないから、日々精進しなさいね」
「どうすれば問題が解けるようになるのですか」
「……」

「どうだ？　数学はおもしろいだろ」
「解けるとおもしろいけど、でも、解けないと、おもしろくありません」
「えっ？　なんでおもしろくないの？？」
「……」

最近の若者は、小さい時から学校や塾で「解ければ褒められる」という体験をして育ってきているようです。その影響か、解けないと焦る生徒が多いようです。その挙句、答を出すことに懸命でもその仕組みや論理に関心のない生徒が少なからず居ることは問題です。とにかく、答を出したい、答が出たらそれでその問題はおしまい――そんな態度では数学が本当にできるようになることは少ないですね。数学を考えていく楽しさとともに、世の中には未解決問題がたくさんあるということも知っておきましょう。たかが受験勉強の数学の問題が解けないぐらいで焦ることはありません。そして、そのようなときには、学ぶこともまた大切な数学の勉強です。問題を解くことだけでなく、その問題の根底にある定理だとか考え方だとか、問題がどのようにして作られたかとか、ときには問題に流れるテーマの歴史もあるかもしれません、そうしたその問題にかかわる数学的背景も謙虚に学ぶのです。

へーっ、こんなふうに考えるのかとか、論理的に考えるだけなのだとか、とってもきれいな結果だなあとか、こんな定理がもとになっているのかとかいろいろ感じます。鑑賞といってもいいかもしれません。その中から、得るものも少なくありません。

これが音楽や絵画ならどうでしょう。歌ったり演奏したり絵を描いたりする人だけでなく、歌わなくても演奏しなくても絵を描くことがなくても、聴いたり観たりしてこれらを楽しみますね。数学だって同じです。

数学も音楽も絵画も、観賞しまた鑑賞する、つまり、

楽しみ味わうことが理解することにつながる

ように思います。

間違いなく、数学は人類の文化であり、人類はこれを感謝をもって受け取り、それを伝える、できることなら、少しでも発展させて、受け継いでいく、そうでなければならないと思います。

そんなの、数学者がやればいいというものではありません。数学を勉強する機会（文字通り、チャンス）を得た人はすべて一度は接してみよう、できれば、学んでみ

ようとするのがいいのでしょうね。

4.3 「どうして高校生が数学を学ばなければならないの？」

「どうして高校生が数学を学ばなければならないの？」という話題で、ちょっと気になっていることがあります。それはこの答えとして、「数学が役に立つから」とか「こういう意味があるから」とかを、世間が言い過ぎのような気がするんです。数学をやるっていうことがそんなに役に立つことのためにというのはちょっとクェスチョンマークです（結果的に役に立つということはよくありますが）。

たとえば、音楽が好きな人はいっぱいいますよね。絵が好きな人もいっぱいいます。クラッシックの音楽をものすごく聴いて、いろんなことを知っている、絵を見てすごくいろいろ思っている。その人は、じゃあ絵を見て何の役に立つの？　って言われたら、あるいは何か得するのって言われたら、何もないですよね。文化ですから。

数学もひとつの人類の大きな文化です。これまでずーっと自分が人類の一部として生きているのです。そうしたら、今までの文化というものをいっぺん垣間見たいそしてそれを引き継ぎたい。できたら発展させたい——それは数学に限らない、あらゆる文化に対しても同じ衝動なのですね。そういう動物的（人間的？）感覚が要るような気がします。役に立つ云々で片づけるあたりから、おかしなことになってきたように思います。役になんか立たないよって初めに言い切った方がむしろいいのかもしれません。

数学は、音楽や絵画さらには体育や国語や英語と同じように、そして同じ理由で、一度は学ばなければならないのです。小学校以来の音楽の時間や美術の時間は、すべての若者のたちに音楽や絵画の文化を伝えるための役割を担ってきました。専門家にならずとも、多くの音楽や絵画の愛好家を生むことになります。高校での数学も同じような役割があります。数学を勉強することで数学の文化を学びます。

そして、入試問題は若者にその数学の文化を伝えるための強力なツールなのです。受験勉強であっても勉強をすることは文化の担い手となっていくための過程なのです。

数学は嫌いになるものではありません

土岐博

1. 好きになること

人間には好き嫌いがあります。別の言い方をするとそれぞれの人が持っている能力に違いがあります。それもどういう能力を持っているからとか、持っていないからとかで、偉いとか偉くないとかいう優劣はありません。この話をわかりやすくするために、絵を描く能力と音楽を作る能力を比較してみます。人間には優劣はありませんが、明らかに絵を描く能力と音楽を作る能力は違います。絵を描く能力を持たない人に絵を描くようにという課題を与えてもうまくは描けないでしょうし、そもそも絵なんて描きたくもないと思うことでしょう。一方で、絵を描く能力を持っている人は絵を描くようにと言わなくても勝手に描いていることでしょう。その逆も同じことです。ここであえて断っておきますが、絵を描く能力を持っている人と、音楽を作る能力を持っている人のどちらが偉いかというような質問には何の意味もありません。

数学（算数）もまったく同じです。明らかに得意な人と得意でない人がいます。これも人間の能力の違いです。

能力というと少し固い感じがするので好き嫌いの違いとでも言っておきます。得意な人は試験があるとかないとかとは関係なく数学の問題を解くことを楽しみながらやることでしょう。得意でない人には苦痛でしかないでしょう。そもそも、なんでこんなことを勉強しないといけないのかと疑問を持つことでしょう。そうです。それが当たり前の反応です。ここでは十把ひとからげに数学が得意な人と言いましたが、その中身も千差万別です。数式だけで抽象的に理解できる人もいるし、具体的な例を当てはめないと理解できないが数学の計算は得意だと言う人もいます。とにかく能力にはいろんな形がありますが、どの能力が良くてどの能力が悪いということはまったくありません。

数学を得意とする人と絵を描くことを得意とする人はどちらが偉いのでしょうか。私には較べることができないことだと思います。そんなことを問題にするよりも、「人間は自分の好きなことをやっていれば楽しくてしょうがない」ということを理解することの方が大事だと思います。そうなんです。人間は好きなことをやっているときが一番幸せなのです。それと、何ができるから偉いとか何ができないから偉くないなんてことはないです。重要なのは何が好きかということです。その好きなことを出来るだけ若い時に見つけて、自分の仕事に結びつけることができれば最高の幸せです。

したがって、最初に私が言いたいことは、自分のやりたい（好きな）ことを早く見つけてそれを伸ばすことを是非やってほしいということです。その内容は何でも良いです。人によって違って当たり前です。自分のやりたいことは自分の好きなことです。おそらくはやりたいことは、その人の能力そのものだと思われます。この好きなこと（＝その人の能力）を伸ばして、自分の将来の仕事に結びつけることが出来たら最高だと思うのです。

2．嫌いになること

人間は遊びが大好きです。面白いことが大好きです。そしてできないことをできるようにするのが大好きです。自転車に乗りたい。鉄棒でくるくる回りたい。跳び箱を跳びたい。この問題を解きたい。そうなんです。人間は新しいことを習得することが好きなんです。だけど先ほども言ったように人間にはその能力に違いがあります。すぐにできる人から、ちょっと時間が経ったらできる人、そしていつまで経ってもなかなかできない人などさまざまです。ここで問題が生じます。なかなかできない人への対応です。ここで他の人はできているのだからお前もできるはずだ、頑張れと発破をかけるやり方です。この対応での頑張りでできるようになったら、良かったということになります。だが、できない場合には悲劇です。それでも、もっとやれと圧力をかけられるとついには、その人はそのことが嫌いになります。さらには自信を失うこともあります。

はじめは、やりたいという願望が強かった人が、最後には自分はできない、こんなことは嫌いだということになってしまうのは、かなりの悲劇です。せっかく最初は好きだったものが、できないことの繰り返しで最後には嫌いになってしまったのです。残念な結果です。何が起こったのでしょうか。本当は自分のペースでやっていればやり切れたものが、時間が限られてしまい、良い先生もいないままに、さらに結果を求められたのでパニックを起こしたといえます。

そんな時にはこのように考えると非常に良いです。このことは自分は「今は」やらなくても良いのだという思い切りです。自分には「今は」その力がないのだというあきらめです。絵の話をしましょう。絵の能力がない人にそれなりの絵を描くようにと迫っても良い絵は描けないでしょう。少なくとも、描いていても面白くないと思うことでしょう。そんな人はやらなくても良いのです。この思い切りが絶対的に必要です。嫌いになる前に、これは自分には「今は」能力がない、時間がないと思い切ることです。それよりも「今は」興味がないからやらないのだという考え方です。面白いものです。時間が経ってくると人の絵を見ていて、自分もそのような絵を描いてみたいと思うこともあります。そのときにやれば良いでしょう。ひょっとしてその時には絵が好きだと思えるかもしれません。

その上でさらに、つぎのようにものを考えてくれるとかならず良い結果を生み出します。一つは時間の問題であり、もう一つは指導の問題です。たとえば高校の間にあることをやる必要があるが、時間が少なくてできない。そういう時、「後でやろう」と考えること、「どこかで将来良い本や良い先生に巡り会える可能性がある」と考えることです。嫌いになる前にやめて、今は時間がないし、良い指導者がいないので後でやるという決断です。これが一番大事なように思われます。嫌いになる必要はなにもないと思います。

3．嫌いなことは勉強しなくてよいのか

それでは嫌いなことはずっとやる必要がないのでしょうか。もし、それが許されるならばその時は嫌いなことはやらなくて良いというのが、まず最初の私の意見です。

しかし、ちょっと待ってください。ほとんどの国には教育制度があります。社会もその教育制度に多いに影響を受けています。そのような社会が我々を取り巻いています。そんな中であることをやりたいと考えているとしましょう。そのためには大学に行かなくてはならないとしましょう。その際に数学でそれなりの点数をとることが必要だとしましょう。その上で自分は数学が苦手（単純に点数がとれない）だとしたら、どうするべきなのでしょうか。

普通は嫌いなことを勉強するのは結構大変なことです。嫌なことです。できることなら勉強しなくてよければ一番楽でしょう。これが特に数学となると、短い時間で理解することは大変です。そのときには自分は何をやりたいのかをしっかりと頭に思い浮かべることが大事だと思われます。自分の夢は何なのか。自分のやりたいことは何なのか。その夢を実現するために、ある大学に行く必要があると判断したとすれば、嫌いなことを勉強する態度は変わってきます。

その時はあるパターンの問題は解けるように訓練すると良いです。よく試験に出るようなパターンを徹底的に練習して覚え込んでしまうのです。もちろん、このパター

ンですが、いっぱいあります。そのすべての勉強ができれば良い点をとれます。しかし、もともと数学が嫌いだったのですから、自分にしっくりくるものだけを暗記して、後はあっさり捨てるという気持ちが大事です。とにかく一つのパターンを覚えることにしましょう。10点より、20点という考えです。それで良いじゃないですか。その上で、今やっていることは単純に自分が好きなことをやる前の訓練だと思えると一番良いです。スポーツのことを考えてみましょう。ある球技が好きな人はそのスポーツをやっている時は楽しくて仕方がないですが、体力をつけるということでランニングをするというのは苦しいです。しかし、苦しいが体力をつければ、そのスポーツで強くなれるのです。すなわち、自分がやりたいことを持てば、その苦しいことをすることが大事なことだと思えるのです。そうすると、それなりの動機を持って苦しいことに取り組むことが可能になります。

世の中はうまくできています。数学のように記憶することが少なく、論理的に解を求める学問では論理的に考えを進めることが大事です。一方で、論理的に考えを進めるのが好きな人はたいていの場合は記憶することが苦手です。そういう人は記憶することが苦手なので、逆に論理的に答えを出すということが好きになったのかもしれません。一方で、非常に記憶力のある人がいます。これも人間の能力です。歴史の年号や地方の地名、世界の首都なんでもかんでも覚えてしまいます。どれだけ覚えることができるのかとどまる所がないように見えます。こんな人は論理的な思考は好みません。逆に言えば答えを覚えてしまっているので、その解を論理的に導き出す必要がないのです。こんな人は論理的思考はむしろ苦手になります。そのかわり、答えを一瞬のうちに出してしまうことが出来ます。これも能力です。

ということは、人間はそれぞれに得意な方法を持っていて、ある問題が与えられたときの答えの求め方は全然違っているということになります。面白いですね。得意な能力があればあるほど、それ以外の能力を伸ばさないという結果にもなります。そうです。人は違うのです。だからこそ自分は何が好きなのかを見つけることが絶対に必要です。それが人間が成長するということだと私は考えます。成長する中で他の人と比較し、自分は何が得意で何が不得意かを発見するのです。そして、自分が好きなことにできるだけ多くの時間を使って、能力を向上させ、その能力を存分に使ってその後の人生を生きていくというのは良さそうです。

4．学校は何をするところか

それでは学校は何をするところなのでしょうか。ここでいう学校とは高校までの教育の場とします。そこでは英語も国語も数学も理科も体育も音楽も美術も何でもかんでも教えてくれます。その中で、あなたはこれは出来るがこれが出来ないとわざわざ診断もしてくれます。他の人との比較もしてくれます。出来ない科目があれば、あなたはその科目は弱い、もっと勉強するべきだと言われます。その時に、何も考えずにその弱い科目を勉強していると、ただ単に苦痛なだけです。もちろん強い科目も勉強する必要があります。こうなると、学校は若い人たちを苦しめるためだけにあるように感じます。ところがそうではないのです。多くの若者が自分を伸ばすために集まっているところです。そこでは同じ年齢の仲間が沢山いるので、人との比較で自分は何が得意で何が不得意かを見つけることを助けてくれます。このように考えると、学校は非常にありがたい所です。この段階で何が好きで何が嫌いかもわかります。

これは本当にありがたいことです。人間の社会はほとんどが競争です。したがって、自分が何が強くて何が弱いかを、出来るだけ若い時に、他人との比較で知るというのは素晴らしいことです。自分の強いものを出来るだけ強くすれば、社会で成功できる可能性が広がります。それと、おそらくはその強い科目は好きな科目である可能性が大いにあります。好きか嫌いかを見分けるのは、誰にも言われなくても自分から進んで勉強している科目です。美術かもしれないし、英語かもしれない。とにかくそれが自分が得意とする科目であり、同時に自分が好きな科目です。往々にして能力を持っている科目です。それをどんどん伸ばすべきです。

ところで、自分はどうも何も好きなものがなくて何も嫌いなものがないとしましょう。どの科目もすべて適当に出来て適当に出来ない場合です。特徴がないのでしょうか。私にはそれが特徴だと言えると思います。わかることとわからないことのどちらもを経験できる貴重な人材です。その能力を是非、今後に生かしてほしいと思います。私はこのような人は本当に能力がある人だと思います。何しろ何も考えずに適当にできるのですから、もっと自主的になれば、すごいことになります。

5．高校は何をするところか

高校まで進学する頃には、自分の好き嫌いがかなりはっきりしていることでしょう。この段階で大学受験との関係で理系や文系という区分けも出来ている可能性があります。特に、数学が出来る出来ないがこの理系と文系を分けているようにも思えます。私は、この段階で数学が出来るとか、出来ないとかいうのはほとんど意味がないと考えています。数学が出来ない場合にはただ単純に高校で教えられる数学が自分にはしっくりきていないということだと思います。

実際に、数学を理解するということは、人によって大きく違います。抽象的に数学をとらえることが出来る人がいます。また、実際の現象との比較で理解する人もいます。ただ単純に計算が好きだという人もいます。それぞれに、これは能力の違いです。一方で、出来ないといっている人にもいろんな違いがあります。私が一番に思うのは、十分な時間が与えられずに、自分にはしっくりこないままに、そこでとどまってしまっている一方で、授業はどんどん先に行ってしまうという現象です。これはつらい状況だと思います。

私は、その時でも自分の得意なものは何か、自分の能力は何かを考えることが大事だと思うのです。能力が何かが見えない時には、自分のやりたいことは何か、自分の夢は何なのかを考えることだと思います。一番良いのは、自分は何が好きなのかを見つけることのように思います。スポーツでしょうか、音楽でしょうか、絵を描くことでしょうか、いろいろな夢がありますよね。その夢は人によって非常に違っています。その上で、どのようにすればその夢に近づけるのかを考えてみることです。出来れば、自分の親に自分が何をやりたいのかを話してみると良いと思います。親は最初は自分の思っているように、良い大学に行って、良い会社に就職してほしいと思っていることでしょう。しかし、その時にでもくじけずに、自分がやりたいことを一生懸命に話をすることが大事だと思います。この懸命さが人を動かします。まず一番動かさなくてはならないのは自分の親です。

ここで理解してほしいのは、親は必ず反対するものです。その時には時間をおいてきっちりと話をすると、どこかで親は子供との一致点を見つけることが出来るはずです。というのは、親は自分の子供が一番かわいいからです。ちょっとここで親の身になってみましょう。いちいち、勉強しなさいとか、数学は勉強しているかとか英語は大丈夫かとうるさく言います。このときの親の気持ちは明らかです。とにかく親は自分の子供により大きな可能性を持たせておきたいのです。子供より先に人生を歩んでいるし、高校の時にこのように時間を過ごせばもっと今は良い人生を送れるのにという思いで、これをやれ、あれをやれと口出しします。これらのすべての行為は子供が大人になってより良い生活を送れるようにしてあげたいという親心です。親というのはこのような人なので、自分がこの能力を持っており、あの能力はあまり無いので、このような方向に進みたいと自分の願望を言うと、それも必死に言うとその段階で親も考えてくれると思います。なんとか、お互いが納得して進む方向を決めることが出来れば良いですね。

その上で、数学では点が取れないが、自分の夢を実現するためには、数学である程度の点を取る必要があるということなら、自分の夢のために、辛抱して、いくつかの解法のパターンを覚えることに終始すると良いでしょう。その時は数学を好きになることを横において、ひたすら夢のために体力をつける感じでパターン勉強を繰り返すと良いでしょう。これで、ある程度の点は取れるはずです。当然のことながら、この態度では数学は好きにはなれません。しかし、数学を嫌いにはならないでしょう。

少し私の話をします。私は社会科では点を取れませんでした。高校での社会科の教え方が自分に合わなかったのでしょう。とにかく、暗記しなくてはならない科目は大の苦手でした。しかし、大学の入試では社会科の試験がありました。受験では私は世界史を選んだのですが、試験の数週間前から高校の歴史の本を丸暗記しました。入試では知っていることも知らないことも出題されていましたが、知っていることを書いてしまえばそれ以上何もかけないので、途中で試験場を出た覚えがあります。それでも半分くらいの点数は取れたものと思っています。だからと言って歴史は嫌いではありません。それどころか今は歴史は大好きです。どんなことがあって、どのような時代背景があったから、暗記した歴史のような順に物事が進んだのかを理解しながら本を読むと、これほどためになり、これほど面白い時間を過ごせることはありません。

6. 大学は何をするところか

大学に通っている間は時間があります。自分の望みどおりの大学に入った人もいるでしょうし、ここしか入れなかったという人もいるでしょう。とにかく、誰にとっても大学時代は結構、時間がある段階です。それでも、授業という形で、どんどんその時間が使われていきます。私は、大学は自分が大人になっていく段階で、最も悩む必要のある時間でもあると思います。人間形成には非常に大事な時間です。一応は、大学は分野分けされて自分の専門分野を学ぶので、ここでは嫌な数学を勉強する必要も無いことでしょう。ぜひ、自分の好きなことを最大限に伸ばしてください。そのために時間を出来るだけ使ってください。

そこで問題もあります。自分の好きなことを自分の能力として身につけて持ち続けることは結構難しいことです。大学ではその能力を将来の仕事に結びつけることが期待されています。ところが、そのための授業を聴いていてもわからないことだらけの可能性があります。現実は甘くはないです。その段階で悩むことになります。徹底的に悩んでください。自分は何であるかを真剣に見つめてください。仲間もいっぱいいることでしょう。話をしてみてください。おそらくは皆が何らかの悩みを持っているはずです。ここで、悩みに悩んで、自分の本当に進む道を見つけてください。悩んだ分だけ、その見つけた答えにかける信念が変わってきます。本当に強い自分になっていることでしょう。時間は本当に大切です。

少しアメリカの話をします。私は33歳の時にアメリカのミシガン州立大学の物理の助教授になりました。その時に力学の授業をやっていたら、やたらにできる学生がいました。話をしてみると、全米の数学の試験で2位になったという学生です。しかも、高校も大学も授業が簡単すぎて、どんどんスキップし、大学を卒業するのは18歳くらいという学生です。この学生が良く私の所に遊びにきました。話をしたかったのでしょうね。相談は数学か物理かのどちらで大学院に行くべきかということでした。私はその相談は自分で考えることだと単純に言って、それよりも友達のことや、親のことの話を良くしました。その時に感じたのは、アメリカの制度はやりたいことをどんどん伸ばして行くが、精神面での教育は本当に出来ていないということでした。それはアメリカで若くして博士号を習得している人たちの共通の問題だと思いました。その学生はイギリスで数学を勉強することになりましたが、私が日本に帰ってきてからは連絡は取れてはいません。

繰り返しますが、大学は自分を形成するために大事な場所です。高校までは与えられたものを受け身的に勉強してきました。一方で、大学では自分の考えで授業を受けたり、受けなかったり、部活を思い切りやったり、適当にやったりできます。すべてが自分の自由です。アメリカのそれもかなり極端な例を出しましたが、私は日本の大学制度の方が好きです。おそらく日本人だからでしょうね。大学の友達と一緒にスポーツをやったり、授業で出された問題を一緒に解いたり、彼女の話をしたり、とにかく可能性と悩みが混在していた時期でした。ただ、私の場合は大学院に行くことだけは決めていたので、それなりの勉強もしていたことは事実です。だからと言っても、大学の授業はほとんどわからなかったというのが正直な所でしょうね。

7．高校時代に数学が好きになれなかった人に

あなたは数学を嫌いにはなっていませんよね。嫌いになった人は強制された人です。もう一度ここで繰り返しておきます。数学は嫌いになるものではありません。単純にものを論理的に考えるための言葉だととらえるべきです。ここまでで、単純に良い本に出会えなかったか、良い先生に出会えなかったということだと思います。したがって、機会を待ってください。数学は言葉です。英語が国際的な舞台で使われるように、数学は論理的にものを考えるための、便利な言葉です。いつか機会があったらその時には、本当に数学を好きになる勉強をすることをお勧めします。

もちろんこれは数学に限ったことではないです。英語でも、絵を描くことでも同じです。人生の中で、どこかで、誰かと会う可能性があります。その人は、好きになるきっかけを与えてくれるかもしれません。それと、人生の中で自分も変化していて、違う角度からそのことを見ることが出来るようになっている可能性があります。その時にまた自分のペースで始めれば良いと思います。もし、うまく進み出したらこれは本当に素晴らしいことです。新しい能力を手に入れることにもなります。人生の幅が膨らみます。

8．夢と現実

私には夢を追い続けることは至難の業だと思えます。少なくとも夢を実現するということは相当な努力を必要としていることを覚悟することは非常に大事なことだと思われます。すべてが思い通りに行っていて夢を追いかけるのに最善の仕事についているとしましょう。それが自分の理想の仕事だったとしましょう。本当は夢に集中したいのに、大学の研究者であれば授業をすることや、学生の悩みを聞くために時間をどんどん奪われていると感じることもあるでしょう。同じものばかりを作っている時間もあるでしょう。仕事によってはビジネスで嫌な人と話をしているかもしれません。ある時期には夢以外のことばかりに時間を取られていると感じることもあるでしょう。私にはそれが生きることだと思えます。

人間にはやるべきことが本当に沢山あります。一番の基本的なことは自らの力で生活することです。自立することです。これには相当の時間を必要とします。その時でも、自分の夢を持っているとそのやるべきことに対する態度が変わってきます。夢をなんとか前に進めるためにはうまく時間配分することが大切です。どんな時でも、夢に時間を使うことが大切です。それが人生に望みを与えてくれることでしょう。少しでも夢が前進していると感じることが出来れば、他人にも優しくなれることでしょう。

9．海外と日本の考え方の比較

また少しアメリカの話をします。アメリカはわかりやすい国です。何でもお金を基準にして考えることが出来ます。学生は授業を受ける時に授業ごとの料金を払いますので、お金を払っているのだから、良い授業をしてくれないと困るという態度で授業を受けるのです。一方で、先生は学生の要望に応えるように努力します。さらにすごいのは、学生から良い評価が出ない場合には給料が下がります。うまく出来ていますよね。その意味では、出来る人は金儲けの出来る人という感じです。本当にわかりやすいですよね。

一方で日本はどうでしょうか。どんなことでも漠然としています。日本は最初にお金の話をするとうまくいきません。先生もうまく教える人も、うまく教えない人もまったく同等の扱いです。学生も出来る人も出来ない人もみんな仲間です。私はこの漠然としている所が良い仕事をする原点にあると思っています。アメリカが個人戦なら日本は団体戦です。日本は仲間がいることが大好きです。一緒に仕事をすることで、良い成果を生み出すというのが日本の良い所でしょう。その意味でも、自分の特徴を見いだして、どのようにすれば自分が貢献できるかを見つけて、ぜひ頑張っていってほしいと思います。日本がアメリカと同じようにするのは不可能です。それは、考え方の原点が違っているからです。

私の好きな話を紹介します。ドイツ人と日本人の比較です。私がドイツで６年間の研究生活をしていた頃に、ドイツで勉強している学生たちが良く家に遊びにきてくれて雑談をしました。その中で、ドイツでのアルバイトの話をしてくれました。広場に椅子を並べて集会の準備をするために若いアルバイト学生が集められて、皆でその椅子を並べる仕事をするというものです。ドイツ人は腕力が日本人とは圧倒的に違います。一人で一目散に椅子が重ねられている所に行って、いくつもの椅子を両手に持ち、そこから運んで所定の場所に並べて行きます。一方で、日本人は必ず周りを見回します。その上で何人の仲間がいるかを数えます。二人ずつがチームになり、さらに道具を見つけて、沢山の椅子をその上にのせて、力を合わせて運んで所定の場所に並べて行きます。仕事をやり終えてみると、仕事量はほとんど変わらなかったという話です。

私はこの話は重要なことを示していると思います。日本人は必ず協力して仕事するように出来ているようです。そのために日常的にすべてのことを曖昧にしておくのです。表には出さないけれどもそれなりにお互いのことを評価していますよね。日本人はやりにくい邪魔臭いことがいっぱいありますよね。それが日本人だと思います。何か難しいことがあれば、この曖昧さが人を結束させるのに役割を果たすようになります。私が思うに、人に差を付ける必要はどこにもないということに気づくのは大事なことです。それよりも、そんなことを気にせずに自分の能力に磨きをかけておくのが良いと思われます。

10. 最後に言いたいこと

思っているままに書いてきました。ひとまずこの段階でこの小文を締めくくりたいと思います。この段階で若い人に言っておきたいことを書きます。私の唯一伝えたいのは、自分を信じてほしいということです。自分には必ず何かの能力があることを信じることです。それはほとんどの場合には自分の好きなことです。それを仕事につなげることが出来れば一番良いと思われます。しかし、それが仕事に結びつかない場合もあることでしょう。その時には、その好きなことを趣味として大切に続けることが大事だと思います。

自分の好きなことを持っていること、それを実行していることは自分に満足感を与えてくれます。それが些細なものでも、日常的に自分を満足させる何かを持っていることは非常に大切です。自分が満足していると、他人にも優しい気持ちで接することが出来ます。自分が楽しんでいることを話し合う機会があればうれしいですね。分野の違う人、仕事の違う人、考え方の違う人が、時折集まって雑談できると最高に良いですね。

数学との出会い

河野芳文

「どうして高校生が数学を学ばなければならないの？」というテーマで何かを書くようにとお話をいただきました。このテーマ自身は私にとっても興味深いものですが、読み手としてはともかく、果たして書き手として自分に何が書けるだろうかと考えると多少戸惑いを覚えます。それはすべての高校生が数学を学ばなければならないとする確たる哲学を私が持ち合わせていないからかもしれません。しかし、たまたま私は自分の先生や友人のおかげで数学の面白さに目覚め、縁あって中・高・大の数学教師という職業についたので、そうした経歴を振り返って、多少の自分の学びの経験やかかわった中学生、高校生、大学生および同僚などから学んだ事柄などをお話することは出来そうです。そう考えて、私なりに「高校生が数学を学ぶ必要性、あるいは有用性」について述べてみようと思います。

1．数学を学びながら納得したこと

私は愛媛県の田舎に生まれ、のんびりした生活を送っていましたが、小学校5，6年の担任の先生が理科を得意とする先生で、翌日の授業の教材づくりを放課後にしばしば行っていました。その先生に声をかけられ、なぜか助手という名目で手伝いをさせてもらうようになり、作業の合間になぜそのような教材や教具を作るのか、あるいはその授業の先にどんなことがあるのかということを伺ったり考えさせられる経験をしました。そうした体験から、私は知らず知らず理科に興味が湧くようになり、もっと知りたいと思い始めたことを覚えています。このように、先生が興味をもって話したり、考える材料をさりげなく提供する行為が児童や生徒に「なぜ？」とか、「もっと知りたい」との思いを抱かせることがあることを経験しました。

やがて中学に入学しましたが、田舎の中学には数学の先生が一人しかいなかったため１年生のときは新採用の音楽の先生に習いました。相手が若いこともあり、私は友人などとからかったりして真面目に数学を学びませんでしたが、それに伴って数学の成績も下がる始末でした。しかし、２年生になると年配の数学の先生に代わり、その先生の厳しさもあってある程度真面目に勉強したように思います。その先生の授業を受けるようになってしばらく経ち図形分野の指導を受けていた際、「この問題は難しいので、１日位では解けないかもしれない。しかし、是非チャレンジしてみなさい」と言われてやや難しめの宿題を出されました。それで久しぶりに本気になり、夕食後の７時半頃から考え始めてようやくそれを解くことができましたが、気が付くと外が明るくて朝の７時を回っていました。結局その日は寝ませんでしたが、先生にそれを提出するととても褒めて下さり、「将来は数学の先生になるといい」とおだてられたのを記憶しています。単純な私はそれで再び数学に興味を抱くようになり、いろいろ考えるようになったことを記憶しています。この経験は、生徒の頑張りを認めて声をかけたり褒めることが生徒の意欲や興味を促すことがあることを教えてくれました。同時に、そうした経験が生徒に自信を与え、数学への関心や興味を一層高めることにもなると知りました。

高校に入学した際は、経済的な事情もあって父親に卒業後は農業を継ぐよう念押しされましたが、なぜか高3の夏に大旱魃（かんばつ）があって蜜柑農家の要である果樹がすべて枯れて大きな借金ができました。そのため、それ以後農業を継続するのが難しくなり、父も私に後を継がせるべきか苦悩したようです。そして、遊びほうけていた私に、父が「もうこのまま農業を続けるのは難しい。教員か公務員になることを考えてほしい。これまで勉強もしていないだろうから、1年の浪人後にどこかの大学に入るよう努力してほしい」と言ったので正直驚きました。それで1年間予備校に通いましたが、高3の10月に初めて英語の辞書を購入する有様だったので、予備校の授業を理解するのにも苦労しました。しかし、数学や物理あるいは化学の授業は思考力を重視する内容で興味深く、それなりの努力もして1年後に何とか大学に入学することができました。

ただ、私が受験したのは東大が入試を中止した年で、そのため志望校や学部を変更しての進学でした。それで、大学の講義にもあまり出ず、いい加減な日々を送っていました。そんな私を心配してくださった一人の数学の先生が、ご自分の講義のない時間帯に友人に尋ねたり娯楽施設を訪ねたりしてようやく私を見つけ、研究室に呼んで説教してくださった後、友人とのゼミ（数学）を始めて下さいました。ゼミで数学の本を自力で読む習慣や読み方の手ほどきを受けたお陰で徐々に数学が面白くなり、後に代数学や代数幾何学を専攻することになりましたが、こうやって現在があるのはその先生ほかの支援があったればこそだと感謝しています。

この経験から、私はどんな子供も適切なサポートや助言で良い方向に伸び得ること、そしてそのために辛抱強く支える努力をしなければと考えるようになりました。間もなく教育から身を引きますが、恩師の生き方に学びつつ、どの生徒・学生も伸びるとの思いで生徒・学生を育てていくことを忘れないようにせねばと思っています。自分の来し方を振り返るとき、家族や恩師・友人あるいは周囲の支えのお陰で未熟ながらも今の自分があると思うからです。

与えられたテーマでなく、指導者の心構えになってしまったようですが、高校生が数学を学ぶことを考える際にも、学びの主体はもちろん高校生ながら、指導に関わる教員の接し方や考え方が生徒の学びを左右することを考えて、一言述べた次第です。

2．どうして授業や勉強が面白くないのか

生徒が数学を学ぶべき理由については、将来の進路選択や学問・職業選択などにおいて広い選択肢を可能にするとか、自然科学等の理解に有益であるからとか、数学そのものが面白いからだと言えるかもしれません。しか

し、そうした話は高校生の低学年にはまだ先のことであり、なかなか自分のこととして受け止めにくい、あるいは理解されにくいだろうと思われます。生徒自身にとっては働くことの実感が乏しく、数学等の学びが将来の進路・職業にどう関わるかの理解が難しいからです。

では、どうすればいいのでしょうか。私たちは生まれてからこの方、さまざまな出来事に出会い、「これはなぜ？」とか「不思議」と思ったり、「どうすれば答えが求められるだろう」と考えることをしばしば経験すると思います。そうした場面で数学を用いて無事理由が説明できたり、問題が解決すれば、数学は便利で有益だとか、もっと数学について学びたいとの思いを抱くきっかけになるのではないでしょうか。

私の経験では、中学一年生を相手にした授業の冒頭でいきなり「先生、月は地球の周りを27日で公転し、かつ27日で自転しているそうですが、なぜ満ち欠けには29日以上かかるのですか？」と尋ねられました。私は「今日は図形の授業の続きをするから、また後で」と答えたのですが収まらず、「今さっきの理科の授業の終わりに先生に教わったので、理由が知りたいですと言ったら、次の数学の授業で河野先生に質問しなさいと言われました」と答えたのです。

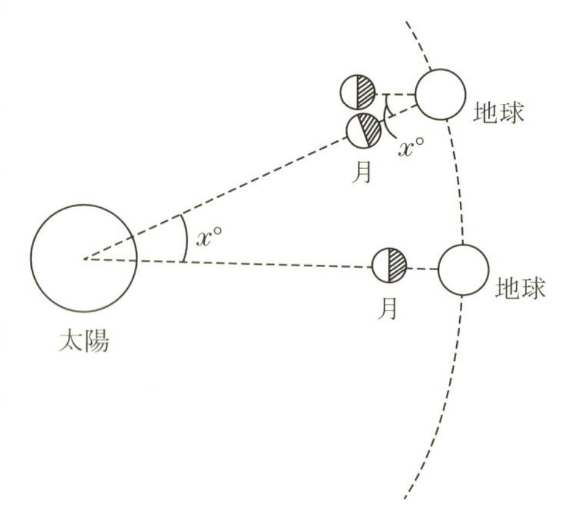

それで一応考えてみると、比例と一次方程式を利用すれば比較的簡単に説明できるとわかったので、急遽、月の満ち欠けの授業を行う

ことにしました。

黒板に太陽と地球と月を描き、計算を楽にするために1年を360日とし、地球や月は円軌道を描いて回るとした上で、満ち欠けに要する日数をx日とすると、月は地球の周りをx日で$(360+x)^\circ$回るから、比例式

$$(360+x):360=x:27$$

を得ます。これからxの1次方程式

$$333x-9720=0$$

が得られるので、計算して解けば、xの値は約$x=29.2$となります。生徒は感動して「先生、一次方程式はすごい」と叫び、大きな拍手を受けました。その中から、数学に興味を持ち自然科学の研究に進んだ者が出たのはうれしい思い出です（一年は365日であり、地球の軌道は長丸い楕円ですが、式変形に煩雑な分数が登場したり、楕円の話を持ち込んでも中学生には難しいので単純化して扱いました）。

しかし、別の年度の中学一年生に一次方程式の応用としてこの問題を扱ったところ、「面白くない」との声が多数上がりました。そのとき、私は前回の授業では理科の先生が子供たちに月の満ち欠けの仕組みを知りたいとの思いを抱かせてくれていたからこそ盛り上がったのだと気づき、その有難味や動機付けの大切さを実感したことでした。

この経験から、生徒が学びに意欲をもったり主体性をもって取り組むには、何某かの問題意識や課題解決の願望を持つよう演出することが大切であることを学びました。そうして、数学Ⅲを指導していた高3理系の生徒に、「君たちが学んできたことで、何かもう少し知りたいとか

思うことはないか」と尋ねました。すると、一人の生徒が「昨日物理の授業でケプラーの3法則について教わりましたが、それをどう示すのですかと尋ねたら、『高校生には難しい』と言われました。しかし、自分はそのままでは済ませたくないので、できれば説明してほしいです」と答えてくれました。そこで、生徒たちに解説の希望と物理選択の有無を聞くと、物理選択者を含めた14名程が同じ思いだと答えたので、その2，3日後から補習という形でほぼ一週間かけて、2次曲線と極方程式、線形微分方程式、ケプラーの3法則の証明の順に説明をしました。こちらの内容も生徒たちが知りたいと思っていた疑問だったので、皆熱心に聴講し好評を得ることができました。中には塾を欠席してまで参加してくれた生徒もいて、その知識欲の旺盛さに驚きました。それで、私はわかりやすく指導することも大切ですが、それ以上に学ぶ高校生がその疑問や数学的根拠について知りたいと思う状況をつくる工夫が大切だと思っています。知りたいとの思いが、少々の学びのしんどさを超える力となるからです。

また以前、前任校の高校生に対し、SSH（スーパーサイエンスハイスクール）校の事業として外部講師を招き数理生物学の講義をしていただきました。その先生はご自分の研究室の大学生とアマゾンのナマズの模様に関心を持ち、その模様が何種類あるかを調査したところ3種類の模様が確認できたそうです。そこで、現地の人にこれですべてかどうか尋ねましたが、その3種類ですべてだと返答されたそうです。それで、この事実を数理モデルをつくって数学的に考察しようと考え、細胞膜の浸透圧などを考慮して方程式（差分方程式）を作ってそれを解くと、3 種類の模様に加えてもう一種類の模様が現れたそうです。それで、方程式や解を再検討しましたが、間違いはないだろうと結論して大学院生がアマゾンを訪れくまなく調査したそうです。すると、しばらくして遂(つい)に 4 番目の模様のナマズを発見できたそうです。それを見事に成し遂(と)げた時はスタッフ一同感激して大喜びしたそうですが、講師の先生の話を伺っていた高校生や私たち教師も大いに感動したことを思い出します。

こうしたことから、生徒が数学を学ぶ必要性を知ることは大切ですが、それが容易でないときには専門家から話を聞いたり、文献を用いて数学の威力を実際に示してもらったりして、数学が役立つ場面を提示してもらうことで、数学に興味をもったり学びたいと思わせることができると考えています。

高校生が数学を学ぶ必要性を知るには、将来について考えさせるとともに、できる限り生徒たちが数学の面白さや有用性を知る機会をつくることも重要であると考えます。生徒たちの学びには個人差があり、同じ体験をしてもその反応はさまざまであると思われます。私たちも、そうした現実を考慮して自分たちはもちろん専門家等の知見も取り入れて、さまざまな場面を設定し、一人でも多くの生徒がそうした機会を通じて興味を抱くよう努力することが必要であると思います。興味や関心を持ち始めると生徒は自ら進んで学んだり、主体的に考えたりし始め、もっと数学を学びたいと考えるのではないでしょうか。

3．どうして数学を学ばなければならないのか

冒頭で私は「なぜ数学を学ばなければならないかの確たる哲学をもたない」と申しましたが、「数学を学んだ方がいい」とは思っているので、以下においてそういう立場で話をしようと思います。

私たちが日々生活する環境は先人たちが創り上げ、今なお改良や変革がなされつつある高い文化に支えられていることに注意しましょう。日々水中で暮らす魚には水の有り難さがわかりにくいように、とかく私たちも先人たちが長きにわたって築き上げてきた文化の有難味を忘れてしまいがちです。長い道のりを歩いた時代から自転車のような乗り物を利用し、さらに車を発明し、飛行機やロケットを生み出す時代に至るまで、人類は絶えず考えながら改善や工夫・開発をしてきたのです。また、私たちは農業や土木あるいは工業などの恩恵を受けていますが、その進歩を支えている基礎科学としての物理や化学等を忘れてはなりません。そして、その物理や化学を研究するには数式処理が不可欠であり、数学の力があることに気付きます。このように、私たちが生きる上では先人の築いてきたさまざまな知恵や文化の恩恵をうけているのであり、それを支える自然科学や数学があるのです。

たとえば、夏の風物詩である打ち上げ花火を見てその美しさに魅入られた人が、「なぜ打ち上げ花火は丸く広がっていくのだろう？」と疑問に思ったとして、高校の知識で解決できるのでしょうか。この疑問は高校物理のは

写真：江戸川の花火／Kohei Fujii

じめに学ぶ力学の考えで説明することができますが、地球に重力が働いていることや微積分の考えを使えば比較的簡単に行えます。2節で述べた月の満ち欠けの仕組みも中学1年の数学「1次方程式と比例」で説明できました。このように、私たちが日々出会う現象やいくつかの疑問や不思議が自然科学や数学で見事に説明できるのは楽しく素晴らしいことではありませんか。

もちろん、すべての人がそのような疑問や不思議に関心をもつ訳ではなく、どうでもいいという人もいるでしょう。また、テレビや車の発明や性能の改良の恩恵は受けても、すべての人がその改良や開発に従事する訳ではないので、自然科学や数学を学ぶのは一部の人で良いともいえるでしょう。しかし、人が変われば発想も数学や物理の理解の様子も異なりますし、どういった場面で誰にそれらの知識や技能が必要になったり役に立つかもわかりません。そうした状況を考えれば、できるだけ多くの生徒さんが高校で基礎的な数学を学んでいた方が現在あるいは将来の課題解決や生活を豊かなものにするために有益であると言えるのではないでしょうか。極端な話ですが、船が突然座礁して乗員が孤島にたどり着きしばらく不便な生活を強いられたとしましょう。そんなとき、自然科学や数学の知識の有無は日々の生活を大きく左右するのではないでしょうか。

1節と2節で私は生徒を指導する立場の先生の姿勢あるいは心構えについて述べましたが、高校生の学びは小学校や中学校での学びに繋(つな)がっていること、さらに小学校から中学校にかけての学びでは先生の指導が大きなウェイトを占めることを考えれば、その影響は無視できないものがあると考えたからです。また、高校生の学びを支えているそれ以前の義務教育段階の算数・数学の学びが教授される傾向を帯びがちなものであり、高等学校以降で求められる学びのあり方と質的に異なるものであることも指摘したいと思います。ほぼ全員が高等学校に進学する現状下で、高等学校を終えた若者が仕事に従事したりあるいは大学卒業後に仕事に就くことを考えるとき、彼らが社会や職場で出会う困難や課題をどう処理し解決するかは程なく問われる能力・態度と言えるでしょう。すなわち、高校や大学で学ぶ際には遠からず自分であるいは自分を含むグループで課題を解決するための学び方や姿勢の修得が求められると考えます。したがって、中学後半から高等学校にかけての学びは自立性や主体性の伴ったものに徐々に移行すべきであると考えています。今はやりの言葉でいえば、アクティブ・ラーニングでしょうか。

換言すると、教わる数学から自ら数学を学ぼうとする主体的学習への転換です。具体的には復習型の学びから予習型の学びへの脱皮が求められてくるのです。

何らかの課題を解決する場面において数学が必要であるとき、それに気づいて数学を使えなければなりませんが、それには単に数学をわかるだけでなくそれを利用・活用できるまでの理解に至らしめることが求められるでしょう。理解をこの利用あるいは活用までも含めて捉えるとき、復習型の学びから予習型の学びへの移行が求められると考えます。このことを、私は時々次のように説明します。「暗い山中のでこぼこ道を歩くとき、誰かが手を引いて先導すれば、大した苦もなく通過することができるでしょう。しかし、先導なしに自分一人で進めば、石に躓いたり立ち木にぶつかったりしがちです。このとき、自力で進んだ者は、ここには大きな石があり、少し先にはゆがんだ木が道を遮っているから注意せねばと自らいろいろ学習するでしょう。これが教わって学ぶことと、予習型の学びの大きな違いなのです」と。こうした「学び」への見解はこれまでの自分自身の経験に基づいて確信とともに身についたことですが、数学者高木貞治も著書『数学の自由性』（ちくま学芸文庫）において

> 「さて、しからば実用性はどこから来るかというと、それは完全な理解、徹底的な理解の上にのみ実用性がある。それなくしては、実用性は得られないというのが、私の考えであります。」（p.122）

と述べています。上に、復習型から予習型への移行と書きましたが、大切なのは教わってわかるという学び方か

ら自分から主体性をもってより深く学び取る学びへの移行であって、必ずしも復習型を否定するものではありません。予習型の学びの方が望ましいとは思いますが、教わった後で振り返って吟味したり、どんな例があるだろうと考えたりするのも後者に繋がる学びと言えましょう。

これについては問題演習も有効な方法ですが、ともすると問題演習が目的であると勘違いして数学を学ぶ人が多いのは問題だと思っています。例題を理解してそれに続く問題を解いてできたと思って先に進むまではまだしも、程なくして入試問題集に取り組み始めると、入試問題を解けることが目的のように錯覚してしまいがちです。しかし私は、問題演習は解法の習得から始まりますが、進んだレベルの問題を解く過程で自分の数学への理解を確認したり、補充・深化させる作業であると考えています。

解ける問題では、自分の理解ができていると判断できるし、解けない問題に出会えば自分の理解のどこが不十分なのかあるいはどんな知識や技能が足りないのかを確認する機会となるからです。私もはじめは問題を解くことが目的でしたが、いろいろな問題を解くうちに次第にそうではなく概念や技能の理解・習熟を確実なものにするためだと考えるようになりました。そう考えると、解けない問題に出会うことは自分の弱点克服の格好の機会を得ることと言えるでしょう。皆さんも解けない問題に遭遇したら、がっかりせず「ラッキー！」と思ってはいかがでしょうか。

私はこのように考えて、高校生に数学の学びや問題演習の心得を伝え、自らも実践してきました。そして、私自身その成果を確かめるために、教師になって10年くらい経った頃ある出版社にお願いして、入試が終わった大学から数学の問題のコピーを順次送ってもらい、2月から半年あまりかけて授業の空き時間や夕食後の数時間などを利用して1万題を超える問題を千日回峰行（せんにちかいほうぎょう）のように解き続けたことがあります。そのお陰で、ほぼ生徒のどんな質問にもその場で対応できるようになりましたが、受験のプロである予備校や塾の先生が実践されていることかもしれません。今ではもうそんなことをやるだけの体力もありませんが……。

4．学ぶ人、教える人に伝えたいこと

これまで淡々と述べてきた事柄を、最後に補足しつつまとめておきましょう。

① 私たちは進んだ文化の恩恵を受けながら生活していて、それを享受できるには数学等の理解も必要であり、高校数学を学ぶ意義があると言えるでしょう。
② 私たちが日々の生活で疑問を感じたり、不思議に思ったりしたとき、高校程度の数学の基礎知識や見方・考え方があるだけでもそのいくつかを解決できるはずです。その場合、数学の問題を解くことは一つの手段であり目的でもありましょうが、大きな視野でみれば数学を理解し、活用するための基礎的作業と考えるべきものと言えるでしょう。
③ 数学は自然科学や社会科学等の基礎としてさまざまな形で役立っていて、諸科学の理解に不可欠ともい

えるものです。そうした役割をもつ数学を学ぶことは、皆さんの将来の可能性を広げたり高めるものと言えるでしょう。

④ 高校や大学を出て社会に出る人は遠からずさまざまな課題に遭遇するでしょう。そうした際、その課題を自ら解決したり人と協力して解決する上で数学が威力を発揮することもあるでしょうし、予習型の学びが主体的解決への姿勢を育成するのではないでしょうか。

⑤ 数学は論理的な学問で、それが物理や化学などの自然科学の基礎理論を説明する役目をも果たしています。だから、高等学校で数学を学ぶことを通して物事を論理的に考えたり説明する力を育てる必要があると考えます。同時に、理解においては学ぶ対象についてのよいイメージや表象をもつことも大切です。これは、物理や化学でも同じでしょう。湯川秀樹博士は著書『創造への飛躍』(講談社学術文庫)で次のように述べています。

「われわれの納得の仕方はいろいろあります。相当こみ入った問題になると、ただ数学的に正しいから、あるいは事実がそうだというので、受け入れてしまうこともないではありません。しかしもっと基本的な問題に対しては、それでは具合が悪くて、明証といいますか全体のイメージがぱっと疑いようもなくはっきりしているところまでゆかないと納得できない、つまり論理や実証でよいとはいうものの、それでは尽くせない気持ちがあるわけです。ほんとうに納得がゆくというのは、単につじつまがあっているのとは違って、全体のイメージが細部も含めて一瞬にして明らかになるという段階がどこかにあるのではないでしょうか。……（中略）それは俗にカンといわれたり、直観、想像力、構想力といわれたりしているものと関連しています。」
（p.154）

⑥ ただ、小学校、中学校の学習がやや先生の指導に依存しながらの学びであるため、高校で主体的な学びに移行させるには興味付けや自力解決の工夫など指導者の一層の適切な指導・努力も欠かせません。

最後に私の乏しい経験や考えを含めて、本書に書かれた内容の何がしかが読者の皆さんの数学の学びへの興味や関心を引き起こし、多くの人が数学を学び始めるきっかけになることを願って私の拙い話を終えることにします。

［参考文献・引用文献］

高木貞治『数学の自由性』、ちくま学芸文庫、筑摩書房（2010年）。
湯川秀樹『創造への飛躍』、講談社学術文庫、講談社（2010年）。
河野芳文『総合学習の一教材「ケプラーの法則の数学的証明」』、『研究紀要』第48号、広島大学附属中・高等学校、pp.53-66（2002年3月）。
河野芳文『数学的概念の理解を支えるイメージ』高知工科大学紀要第13巻　第1号、pp.97-103（2016年7月）。

パート II

数学はどこへ広がっていくの？

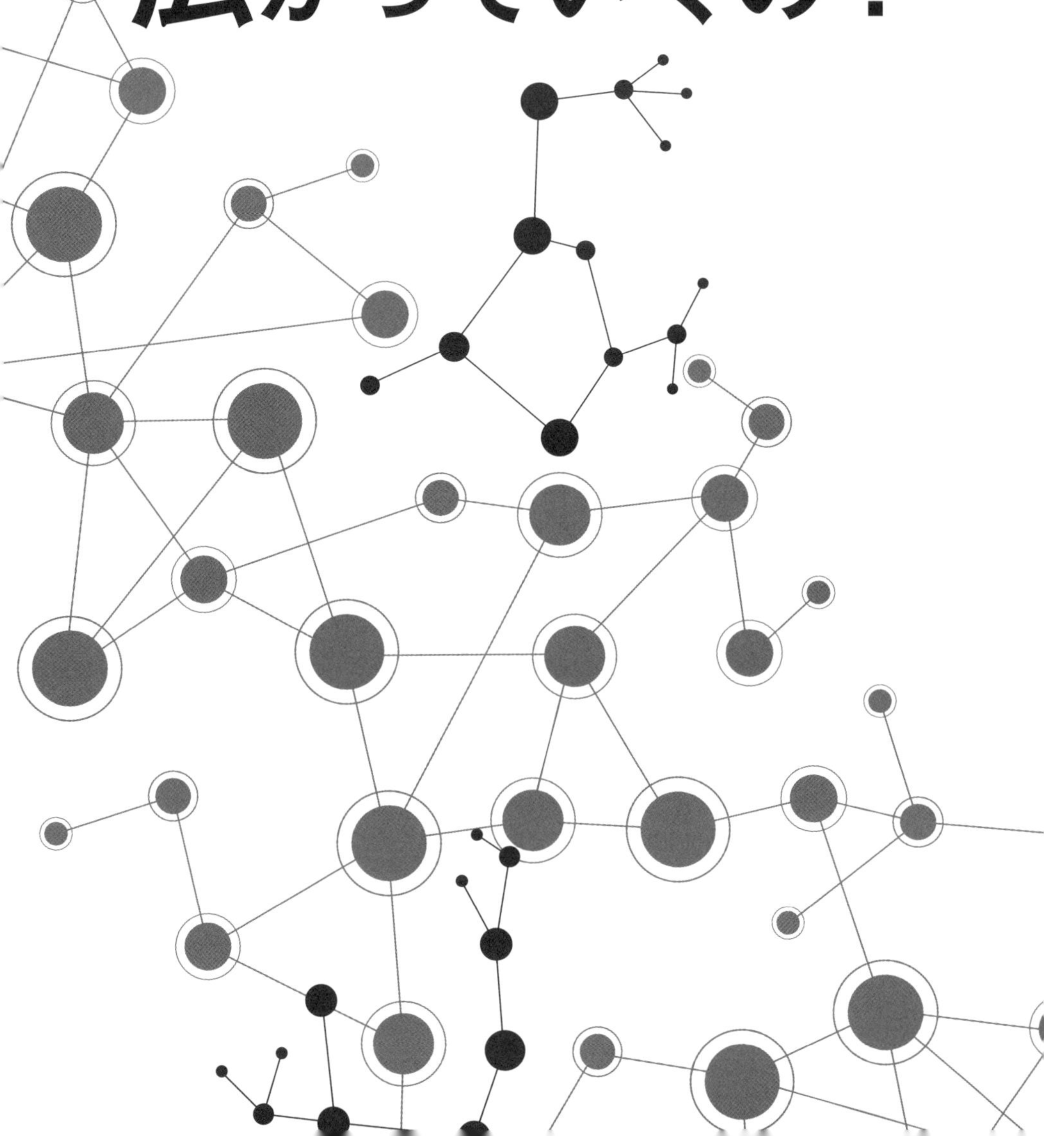

5

数字と文化をめぐる断想

思沁夫（スチンフ）

私は、数字は言葉と共に誕生し、文化の拡大と複雑化の中で形成され、より広く応用されるようになったと思います。ですから、数学は現代社会の中で生きる、現代社会を理解するための最も重要な思考方法のひとつだとも言えます。数学の専門家を目指さなくとも、私たちには数学的な思考が必要とされているのです。

1. 数字と出会う

私は中国・内モンゴル自治区の草原で生まれました。幼少期は学校に通わず、祖父母と家畜を放牧しながら生活していました。ただ、それは不登校児童や遊牧民だったからではありません。当時の中国では文化大革命と言われる政治的大混乱が起きていました。この革命は1966年から10年間続き、私の家族や親せきもこの運動の影響を受けたため、普通教育を受けることができなかったのです。

今は数字もわかりますし、数学もできますが、これは学校教育を受けた同世代の友人から教わったからです。特に今でも忘れられないのは、ゼロ（0）との出会いでした。

私が、友達のトッドゥさんと柵の中の羊を数えていたときのことです。柵の中に羊がいなくなり、トッドゥさんは

「柵の中はゼロになった」

と言ったのです。

私は彼に問いました。

「なんで柵に羊が『いなくなった』、じゃなくて『ゼロになった』なの？」

「学校で先生からこう教わったんだ」

月日が流れ、私は1から100までの数字を数えられるようになっても、やはりゼロという概念はなかなか理解できませんでした。

正直なところ、遊牧民にとってたくさんの数字がわからなくても生活に困ることはありません。たとえば、私が暮らしていた村の羊は約500頭いましたが、大体の羊は認識できます（「個体認識」という専門用語もあります）。家畜にはそれぞれの個性、たとえば体格、角の特徴、身体の模様、性格などがあるために遊牧民は「個体認識」で記憶できるのです。私の祖父は砂上や地面に残された家畜の足跡を観察し、どの村の羊の群れなのか区別していたのをよく覚えています。

では、ゼロを使うことでなぜ存在しないものをあたかも存在するかのように表現できるのでしょうか。私はゼロと出会ってから、数字の不思議な世界に引き込まれてゆき、数字から数学へと興味と関心が広がっていったのです。

1995年、私費留学生として来日したとき、私は古本屋

で『零の発見―数学の生いたち』(吉田洋一)という本に出会いました。この本の中では、1や2と同じようにゼロが数字の一つとして認識されて、世界に普及していく過程が描かれていました。そこでゼロを発見したのはインド人であること、ゼロが7世紀初頭にインドで確立し、インドからアラビアへ、アラビアからヨーロッパへ普及してゆくには長い時間を要したことなどもわかりました。

なぜインドがゼロの発祥地なのか。このことについては諸説があり、未だに議論されていますが、人間が生きていく上でゼロを必要とするようになったことは確かなようです。

ゼロはアラビア、エジプト、イタリアを中心に発達しましたが、これらの都市に商人が集い、商売をするとき、必然的に桁数の多い数字を扱うことになったからでしょう。また、税金や借金の計算もあり、大変でしたから。そこでゼロがあれば、桁の多い数字を扱うことが可能ですし、計算処理もスピードアップ、正確さも増します。

ゼロという発想はとても大きな発見だと思います。数学、計算における意味だけでなく、私たち人間の文化や思考にも影響を与えているからです。ゼロは「存在しない」のに「存在する」。たとえば、ある計算は極端まで行くと新しい数字が生まれる。引き算を繰り返すと、数字は負の世界に導かれる。二乗、三乗すると虚数が誕生する。しかし、計算の中ではゼロには掛け算ができないという原則があります。では、ゼロにゼロをかけると無意味なのか。新しい可能性はないのか。もしある計算を極端にすると新しい数字が生まれると思うなら可能性はあるはずです。たとえば、0を分子に掛け算を成立させることができれば、それによって新しい発想が生まれるかもしれません。

次節では、ゼロからはじまる正の数字、1から始まる数字の数々について日本、中国、モンゴルを俯瞰し、その共通点と地域の多様性についてみていきたいと思います。

2. 数字を学ぶ——共通性と地域性

突然ですが、あなたの好きな数字は何ですか。

私の好きな数字は9です。理由はいくつかあります。まず、9は一桁の数字の中で最も大きいからです。それに、9は、1＋8、2＋7、3＋6、4＋5など、初めて学習して覚えた数字の足し合わせで表現できます。また、遊牧民は季節ごとに居住地を移動しますが、私が子どもの頃に夏と冬に暮らしていた地域の距離は9km離れていましたから、個人的に記憶に残る数字でもあります。

人によって、数字の好き、嫌いなどは異なるものだと思います。では、国が違うとどうでしょうか。数字は単に計算のためだけにあるのではなく、文化的な意味もあります。世界のさまざまな国や地域では、縁起の良い、または聖なる数字というものがあり、一方で縁起の悪い、不幸な、不吉な数字、忌数（いみかず）（避けるべきだと考えられる数字）もあると信じられていますよね。

この章では私が生活したことのある3ヶ国、中国、日本、モンゴルでは、数字がどのように一般的に認識されているのか、私の実体験からお話ししたいと思います。

＊

日本では4と9が忌避されていますが、ちょうど20年前でしょうか、私が初めて日本に来て、ある体験をするまではまったく知りませんでした。

私は日本で大学院生だったとき、朝の新聞配達のアルバイトをしていたことがあります。ある日、マンションで配達をしていたときのことです。私はドアの番号を見ずに新聞を配達しました。階段にある蛍光灯の電気が切れかけていて、廊下が暗くなっていたからです。そのため、私は階段からドアを数えてゆき、5番目が505号室だと確信して、配達を終え、配達事務所に戻りました。

すると、事務所の責任者からお叱りを受けました。というのも、505号室に新聞を届けるつもりが、506号室に誤って配達してしまったからです。504号室は存在しなかったのです。

日本ではアパートやマンション、ホテルの部屋番号に4という数字の使用を避ける場合が多いということを、このとき初めて知りました。数字に文化的な意味があるということを知り、貴重な体験をしたと思っています。

4という数字が、その読み方から「しあわせ」の最初の文字「し」をイメージさせて、良い数字と考える場合も確かにあります。一方で4は「死」も同時に彷彿(ほうふつ)させます。他にも、数字の9は語呂合わせで苦しみ、苦悩、苦難の「苦」を連想させますから、この9も嫌われる傾向にありますね。また、0（ゼロ）は日本語で「れい」とも読みますから、幽霊などの「霊」と重なってあまり好まない人もいます。

面白いことに、数字から歴史的、文化的な深い関係性が読み取れることがあります。たとえば、遣隋使や遣唐使などのように日本から優秀な人を中国に派遣し、中国から宗教や文字、芸術など多くの学問を吸収したことはよく知られていますね。日中間の歴史は両国の数字文化にも影響を与え、「交流の証」として確認することができるのです。

中国の陰陽思想では奇数は陽数で良い数字、偶数は陰数として嫌われている数字です。日本はこの中国の陰数概念からの影響を受けています。日本では福をもたらす七つの神様として、七福神があります。子どもの健やかな成長を願う行事、七・五・三もそうです。さらに、手締め（手打ちとも言います）は日本文化の一つで、ある物事が無事に終了したことを祝福するという意味がありますが、これは祭典や冠婚葬祭などで関係者が掛け声をかけて、集まった者みんなで同じリズムの手拍子を三回打つものです。三は安定や調和、めでたさなどを象徴しています。三を日本語で数えると「みっつ」、音が「満つ」や「充つ」に似ているからです。また、太鼓・小鼓・笛などの3種類の楽器で拍子を取り、素晴らしい演奏が実現することも意味するようです。よく考えると日本のことわざには「三度目の正直」、「三人寄れば文殊の知恵」、「石の上にも三年」など、三が登場するものが多いですね。

中国の古典的文献を紐解くと、三は無数、無限を意味する特別な数字だったようです。中国の代表的古典思想家、老子は『道徳経』で次のように述べています。「道は一をつくり、一は二を生み、二は三を創った。三があって万物が作られた」と。

先述したように日本では奇数が好まれる事例がたくさ

んありますが、実は、現在の中国では奇数ではなく偶数、つまり、二、四、六、八、十のほうがより好まれる傾向があります。これは時代の変遷と文化の発展に伴い、数字が対(つい)であることがより重視されるようになったからです。また、ギリシャにおける数字文化・文明にも通じますが、戦国時代の中国で数字の世界の成り立ちは文化形成に重要な役割を果たしていて、世界を構成するのは数字だと考え、対に捉えてきたからです。

ここで例を挙げましょう。中国では「四喜(スシ)」と呼ばれる四つの喜びがあります。その喜びとは、深刻な水不足が続いた後にやってくる恵みの雨、昔の友人との偶然の再会、新婚の初夜、科挙(昔の中国の国家試験)の合格の四つを指します。より身近な例を挙げますと、中国の結婚式では、皿の数が四か八でなければならないという決まりがあります。六は「順調に事が運ぶ」という意味が込められており、中国では「六六順」という言葉があります。八はその言葉の読みから、「儲かる、発展する」という単語を連想させるため、一般的に好まれる数字の一つです。六と八は中国で電話番号や自動車のナンバープレートにしばしば登場します。六や八が4ケタ続くナンバープレートは通常より何十倍も高い価格で販売されているほどです。なお、十は一般的に「円満」、「完全」を意味すると考えられています。

モンゴルではさらに違った数字の概念が存在します。モンゴルを代表する学者の一人で歴史・民俗学を専門とするC.ドゥラム教授によると、奇数はオスの数字で、創造の世界を表し、偶数はメスの数字で、現実の世界を表現するのだそうです。

モンゴルで特に大切な数字は 3 と 9 です。これはモンゴル人の世界観と関係しています。モンゴルの口頭伝承によると、太陽系の惑星、地下の世界、天と天上の世界という 3 つの世界が存在すると言われています。モンゴル人が行動するとき、また何か言葉を発するときに、3 回繰り返すことが多いです。「1 は不完全、2 は不十分、3 は完全」という言われもあります。そのため、誰かに贈り物をする際には 3 つのものを渡すのが理想だと広く信じられています。

モンゴルではこの 3 という数字の意味、解釈から 3 × 3 の 9 は天国を意味するとされています。天に何か祈りを捧げるとき、9 回拝みます。また、モンゴルでは携帯電話の番号を自分で購入するシステムになっているのですが、合計 8 ケタの電話番号のうち、9 がたくさんつけばつくほど、自動車 1 台が買えてしまうほどの高額になります。

人気のある数字は人名にも多用されます。名前に「八十（ナインテイ）」、「九十（イリンテイ）」、「万（トムン）」がつくのです（ふりがなはモンゴル語読みです）。モンゴル帝国の初代皇帝、チンギス・ハーンの軍事制度は 10、100、1000、10000 の数字と関係しており、現在でもモンゴル軍隊の象徴として用いられている数字です。

私たちの数字に対する認識は人や国によって違うのはもちろん、時代や価値観の変化と並行して変わってゆくものです。グローバル化の時代、また西洋文化の影響も重なって、異国でも同じような現象が確認されます。中国、日本、モンゴルでは 7 は「ラッキーセブン」として好まれ、キリスト教に由来して 13 は不吉な数として考えられています。

ただ、数字には両面性があります。たとえばモンゴルの場合、7は死、地下、倒産、降下など不吉な意味を示します。実際にモンゴルの民話で悪人は数字の7によって表現されることが多いですが、同時に、7は力強さや、物事に動じない強靭さも意味します。モンゴルでは北斗七星は「7つの神」、信仰の対象として考えられており、ここからモンゴル人の宇宙観や世界観を垣間見ることができます。数字から文化、さらには世界観がわかるというのは何とも壮大な感じがしますね。

3．数字から数学へ――主な性質

さて、ここまでは主に数字についてお話ししてきました。ここからは少しレベルアップして、「数」字を扱う「学」問、つまり数学について考えていきましょう。

でも、安心してください。私は難しい公式や定理で問題を解く数学の授業をするのではありません。それよりも、数学の潜在的な性質（代表的な特徴と言ってもよいかもしれません）について紹介していきます。みなさんの人生のあらゆる場面で、数学の性質を少しでも深く学んだことが役立つことを期待します。

さて、私たち人間の一生は、大胆に言い換えるとすれば、冒険です。自分の目の前に広がるのは未知の世界です。未来を予想するのは難しい。しかし、私たちは一歩一歩、未来に向かって進んでいます。人生の森の中で迷子になり、何だかよくわからないことに遭遇したり、何が何だかわからなくなって、途中で不安になり、悩みの壁にぶつかることだってあると思います。

そこでこんな発想を提示してみたいと思います。

「私たちが数学的なセンス（感覚）あるいは視点を持っていれば、どんなことができるのか（わかるのか）？」

私は世界を多面的に理解するための一つの道筋として数字と同様、数学も挙げられると思っています。私は遊牧民として育ちましたから、遊牧社会から近代社会に入るための条件として数学を学びました。大学に入学するための条件だったのですが、今では数学は学問として存在するだけではないと思うようになってきました。私の専門である生態人類学の中でも数学から着想を得ることもありますし、生活圏など限られた領域を他人と合理的に利用するときに思考のヒントとなる場合もあります。数学は現状や課題の解釈や解決に向けた実践として意識できるのです。

研究成果を実証的、客観的に伝えるためには、データを量的に分析することがしばしばあり、そのためには数学の応用が求められるようになっています。ここからは数学に関連する4つの考え方（幾何学(きかがく)、構造主義、ゲーム理論、カオス）に焦点を当てて、見ていくことにしましょう。

4．幾何学――本質を捉える

幾何学は私たちの身近にあります。建築やファッション、デザインでよく見かける模様にも使われています。「幾何学模様」と言われ、あらゆる模様が規則正しく連続的にあり、一種の芸術を生み出していますね。しかしながら、数学の始まりが幾何学であり、幾何学を起点に数学が発展を遂げてきたことは一般的にあまり知られていないようです。

私は数学を学ぶ「入口」としては幾何学が最適だと思っています。それは、幾何学は図形や空間の性質を研究する、数学の中のひとつの分野、学問ですが、公式や定理を一度覚えて、順番に思考を巡らせてゆくと誰でも問題を解くことができるからです。

幾何学の起源については複数の説がありますが、最古の記録は紀元前2500年前頃にまでさかのぼります。特に古代エジプトでは、ナイル川の氾濫によって荒れ果てた耕地を人々に再分配するため、土地測量術というのが発展しました。この土地測量術が幾何学のはじまりだと考えられているのです。

幾何学は古代ギリシャ文明が生んだ人類の遺産の一つでもあります。古代ギリシャ人たちは幾何学を見事に体系化し、抽象的思考から理論的論証を行うのを得意としていました。点、直線、円、平行線、三角形などを描き、より単純で明快なものから定義を確立してゆき、ありとあらゆる現象を説明してゆきました。数学の授業で学んだかと思いますが、直線の長さや角度、面積などに関する定理を導いたのは、まさに古代ギリシャ人でしたね。とりわけ宇宙の存在を測定、証明する手段として幾何学を用いていました。しかし、古代ギリシャ人たち、たとえばピタゴラスが提示した定理に整数を当てはめてみても、定理が証明できないのです。なぜかと言うと、無理数（小数点以下の数字が予測不可能な数）が存在しているからです。幾何学は当時、調和の学問として考えられていましたから、彼らの価値観に合致しない無理数は思考の枠組みから次々に排除されていました（古代ギリシャでは無理数の研究者は処刑されていったという記録も残っているほどです）。

幾何学は当時の人々の世界観や価値観も映し出しています。「世界は水で成り立つ」や「世界は火、土、水、空気の四元素でできている」など、個別要素を材料に簡潔に本質を捉え、独自の世界観を表現したのも古代ギリシャ人たちでした。ピタゴラスの定理で有名なピタゴラス（紀元前500年頃）は、「万物は数で構成され、数で証明できる」と考え、彼の思想は数秘主義とも呼ばれていました。ピタゴラスの学問を学ぶ学問宗派（ピタゴラス教団）は幾何学を天文学、芸術、文学などと総合的に調和、融合させてゆき、さまざまな物事を深く問い続け、証明を試みました。ある数字には特別な意味が与えられ、占星術で用いられたほか神秘主義へと発展してゆきました。たとえば数字の10は「美」や「神聖さ」と結びつけて考えられました。また、ユークリッド（紀元前300年頃）は幾何学の知識を『幾何学原本』（全13巻）に論理的にまとめ上げています。定義と公理にもとづき、厳密な推論を進めた彼の手法は後の数学のモデルを構築したと言われています。

さて、古代ギリシャ時代から長い年月を経るなかで、幾何学は発展を遂げてゆき、造形幾何学、射影幾何学、画法幾何学、解析幾何学、微分幾何学などに細分化されてゆきました。近代以降、時間的連続性や空間的展開（二次元から四次元）が進むにつれて、従来の幾何学では成立しない定理が数多く発見され、幾何学の発展が促進されていましたが、幾何学の源は古代ギリシャで体系づけられた数学の存在であることに変わりはありません。

幾何学に登場する数や対象は普遍的で、連続性があります。線を無限に延長することができ、点は永遠に小さくすることも可能だからです。幾何学は数の計算という実用的な発想ではなく、宇宙を解明する手段として用いられてきたことはすでに述べました。

幾何学の原理は数学と切り離すことはできません。時代の変遷とともに、幾何学は宗教や神話の世界から姿を消してゆく一方で、科学において広く応用、研究されてゆきました。しかし、これは私たちの生活や文化から幾何学が消失したことを意味しません。

古代ギリシャ人が調和を重んじていたことについても少し触れましたが、古代ギリシャ人だけではなく、実は私たちも知らないうちに、調和が保たれた対象に美しさや魅力、憧れを感じています。美しい形、美しい風景、美しい人。より身近なものでは、建築物や橋が挙げられるでしょうか。美しく整備され、秩序が保たれた姿は、先が見えなくてよくわからない、将来が不透明な現実とは真逆のように思えてしまいます。

美術が好きな人はもうご存知かもしれませんが、幾何学と芸術の美は非常に近接しています。たとえば、葛飾北斎の『富嶽三十六景』はあまりにも有名ですが、絵の中に円や直線を描いてみると、波の大きさや動きや富士山の位置などが秩序正しく、さらに全体的なバランスが保たれた状態で見事に描かれていることがわかります（疑問に思う人は美術の教科書を開いて、実際に確かめてみてくださいね）。数学者と芸術家の間には何か調和した発想力が生きているのだと思います。数字で表現するか、あるいは芸術で表現するか。表現方法が異なるだけで、どちらも人間の精神に強く迫る何かがあります。幾何学は独立して存在する学問なのではなく、私たちの心の中にも生きているのだと思います。

私は若い頃、ドイツ人の数学者で「現代数学の父」とも呼ばれた、ダフィット・ヒルベルトの『幾何学原理』の中国語訳を読んだことがあります。そのとき、私は数学は哲学のようだとも思いました。このとき、数学は数学という枠組みの中で思考されるものではなくて、もっと広く捉えることが可能なのではないかという気持ちが湧き上がってきたのを今でも覚えています。

5．構造主義——深く観察する

私たちはある物事をじっくり観察し、その特徴を説明することができます。これは他の言葉に言い換えれば「表面的な観察」と言えます。

ここでもう少し考えてみましょう。実際に目には見えないけれど、何かもっと重要なことが隠されているのではないか……。このようにして疑うこともできます。ここではこれを「深層的な観察」と呼びましょう。

もし、物事が偶然の出来事や現象ではなく、時代や国を越えても共通していたり、繰り返されていたら、歴史や地理、文化を超越した人類の普遍性というのが発見できるかもしれません。

先に述べた「深層的な観察」とは、学問の世界では「構造主義」と呼ばれています。構造主義とは、ある物事や現象から不思議だと思われることを抽出し、根源にある要因を深く掘り下げる立場や視点のことで、「規則や規律を発見して分析、考察する」という意味で数学と共通していると言えます。

構造主義は19世紀末、スイスの言語学者、ソシュールの研究に始まりました。ソシュールは、自分が知っている、あるいは使う言葉によって身体の感覚でさえも限定されてしまうということを発見し、言語学理論を主張しました。ロシアの言語学者、ヤーコブソンはさまざまな言語の中から抽出される共通点を研究したり、言語の文法構造から一般的な規則を発見し、言語の類型化を行いました。さらに、第二次世界大戦中、文化人類学者として有名だったレヴィ・ストロースはアメリカに亡命中、言語から導き出される構造主義の思想に出会い、彼自身の研究に応用しました。以来、構造主義は言語学と文化人類学だけではなく、数学、哲学、心理学、精神医学などの領域で用いられてきています。

ここまで構造主義が異分野で応用、展開されていることを簡単に述べましたが、レヴィ・ストロースの研究成果に注目し、構造主義的な思想で明らかになった興味深い発見について探ってみましょう。

レヴィ・ストロースは有名な文化人類学者の一人です。文化人類学とは人間や社会の文化を研究する学問です。彼は外国の島や村の奥地に滞在しながら、少数民族の神話や親族関係を研究し、人間の考えや行動を支配する構造について解き明かそうと試みました。そして1947年に『親族の基本構造』という本を刊行していますが、この本の中ではオーストラリアのカリエラ族という民族の婚姻には規則があると書かれています。要するに、カリエラ族は誰もが部族内で４つのいずれかのグループに区分され、結婚相手は決まったグループの相手でなければならず、また生まれた子どものグループも夫婦のグループ間の組み合わせで決定されているというのです。さらに、レヴィ・ストロースは近親婚禁止（家族や親戚を結婚相手にしてはならないこと）の文化の存在について、構造主義とさらに数学理論を駆使して説明しました。文化が数学的に解釈できるというのです。レヴィ・ストロースが近親婚について明確な要因記述をするまではこれまで単なる習慣や不明確な主張が蓄積されてきただけだったので画期的な研究として注目されました。

構造主義を考えるとき、自分の価値観や思考形態という「自分の眼鏡」で物事や現象をみるのではなく、意識的に自分から距離を置いて、他者を相対的に観察して、何だろう？　と考えてみる姿勢が大切になります。しかし、構造主義的な考え方を身につけただけでは、何か問題が起きたときの解決方法を提示するまではできませんね。では、他にどんな方法があるのでしょうか。

次に問題解決で活躍が期待できる、ゲーム理論について考えてみましょう。

6．ゲーム理論――問題を解決する

ゲーム理論……みなさんにとって聞き慣れない言葉かもしれません。「ゲーム」と言ってもテレビゲームのことではありません。ここで言う「ゲーム」は「駆け引き」

や「交渉」という意味に近いです。

ゲーム理論はミクロ経済学の分野に位置する数学理論の一つで、複雑な数式を使う専門的学問でもあります。自分だけではなく周囲の関係する人々を含めて、不平や不満を最小限に抑え、最適な状況に近づけるための手段として応用できる可能性があります。1944年に数学者のフォン・ノイマンと経済学者のモルゲンシュテルンの共著『ゲームの理論と経済行動』が出版されたことで世の中に広く知られるようになりました。

ゲーム理論は経済学者のジョン・ナッシュによって継承され、発展を遂げてきました。ナッシュはゲーム理論を鳩の行動のほか、女性をデートに誘うときなどの実体験に結び付けて考えました。一人の美しい女性に対して3人の男性が同時に声をかけようとしていますが、果たしてどうすれば成功するのか。この問題に対してゲーム理論で答えを導き出すというのです。ここからゲーム理論の中にユーモアセンスや遊び心が読み取れますが、興味を持たれた方は映画『ビューティフル・マインド』（2001年公開・アメリカ）を観られるといいでしょう。

私たちはゲーム理論を学び、活用することで、人間同士が相互に最適な戦略を取り、関係者にとって満足できる安定的な状況を導く一つのヒントを得ることができます。

今のモンゴルが抱える問題を考えてみましょう。歴史や社会の授業ですでに学んだことがあるかもしれませんが、モンゴル（内モンゴルを含む）では家畜を放牧し、移動しながら生活を送る人たち、遊牧民がいます。日本ではどの土地はだれが所有するか、ほとんど明確に定められていますが、モンゴルは違います。元来の伝統や慣習、共同体の合意にもとづいて土地を共有し、利用してきたのです。しかし、1980年代に大きな変化が訪れました。

私の生まれ故郷である内モンゴル自治区は1947年に中国の一部に組み込まれ、社会主義の影響を受けることになりました。中国政府が国家の土地の所有権を握ることとなり、「土地利用に関する新制度」が導入されました。草原は分割、使用権が確定され、期限付きの所有権が認められ、人口数と家畜頭数に応じて遊牧民に土地が与えられたのです。

ここで問題が起きました。これまでのように広い地域での遊牧が難しくなり、遊牧民の間で土地を巡る対立や争いが発生したり、逆に草原の無駄な利用が行われるようになってしまったのです。家畜が生きていくためには広大な草原、つまり草や植物などの食料が必要ですが、一世帯で使用可能な土地面積が限定されれば、家畜頭数が過剰な状態で、食べものがあっという間になくなり、土地の荒廃が進んでしまいます（これを「過牧」と言います)。また、すべての遊牧民家庭が人間と家畜用の井戸を用意しなくてはならなくなり、地域の共有地では人口増加や油田開発による環境破壊に発展してしまうことも指摘されています。

では、どうすれば遊牧民たちはある限られた土地（その中にある資源）を有効に利用でき、周辺に暮らすみんなが満足して、持続的に遊牧生活を送ることができるのでしょうか。この課題に対して法律や条例を制定したり、一人当たり同じ面積を割り当てるなどの数学的処理を施すだけでは本当に解決できるとは思えません。

このような場合、先ほど紹介したゲーム理論の発想が有効になるのです。つまり、「できるだけ関係者同士が対等である状態にする」のです。

近隣遊牧民と共同組合を結成するなどして、お互いに協力し合うことはもちろん重要なのですが、良好な人間関係が成立していれば問題が解決できるとは限りません。土地を個人化したり、制限すると関係者間で不公平が生じるおそれがありますから、まずは土地全体を複数の世帯が所有する、公有地を設置する方法が考えられます。そうすれば、一人当たり、あるいは家畜の習性と移動時間性も考えると、家畜一頭当たりがより有効に土地利用できるようになります。

自然のサイクルというのも忘れてはならないですね。同じ地域であっても、ある土地は草が豊かに実り、ある土地は痩せてしまっていて草の再生能力が低いということは十分考えられます。そこで公有地として利用すれば、季節や地理気候条件に対応した家畜の放牧ができます。公有地の中で、関係者みんながアクセスしやすい位置に井戸（水源）があると助かりますし、越冬用の飼料の共有貯蔵庫を確保しておけば、万が一、異常気象によって家畜の草が不足したときに、協力し合ってより柔軟に危機を乗り越えられるようになるでしょう。

実証的な結果はまだ示されていませんが、地域の遊牧民と協力関係を結んで、数学やゲーム理論を活用した解決策を模索しているところです。結果が出るのは何年、何十年先になるかもしれませんが、この成果は将来みなさんに報告したいと思います。

7．カオス――あらゆる可能性を見出す

最後に、みなさんにカオスを紹介したいと思います。

カオスとは決定論でありながら、結果に至る過程は複雑多様でランダムなシステムのことです。ちょっとわかりにくいでしょうか。別の言い方をすると、ミクロな（小さなちょっとした）変化が最終的にはマクロ（大規模な）変化をもたらすと言うことです。（数学的にかっこよく言えば、「非線形」）カオス理論というのもありますが、これは予測不可能に見える、複雑混沌とした状態を研究する学問のことです。

数学や物理の世界では、予測不可能で不確実なことはほとんどありえません。絶対的とされる定理や公式にしたがえば法則が発見され、将来を完全に見通せるようになります。しかし、1960年代、数学、物理を専門とする科学者や研究者に衝撃が走りました。アメリカ人のエドワード・ローレンツ博士がたとえ研究を重ね、予測したとしても、依然として予測不可能な状態にあると唱えたからです。

ローレンツ氏が提唱したのが、そう、カオス理論です。大学で数学を学び、のちに気象学を研究した彼は「バタフライ効果」を例に、カオス理論を簡潔明瞭に説明しました。「ブラジルや中国などの遠い国で蝶が羽ばたくだけで、翌月、アメリカで嵐が起きる」という例が有名です。つまり、カオス状態、複雑系（複数の要素がお互いにかかわりあった複雑な性質を示す系）には初期のちょっとした現象や行動がのちに全然違う結果を導くという性質

があるのです（これを少し難しい言葉で「初期値鋭敏性」と言います）。今や科学や物理、技術だけでなく、宝くじや懸賞当選などの賭け事や戦略、時空間の変化など、カオス理論の対象は学問の世界から日常の世界まで広範にわたります。

それでは一体誰が最初にカオスを唱えたのでしょうか。カオスの研究の原点を探ってみますと、ポアンカレの研究、時代はさらに1880年代にたどり着きます。1887年、スウェーデン国王は「太陽系は定常な安定した存在か？」という問いを立てて、「見事な回答者」に対して懸賞金を与えると宣言しました。そのとき、ポアンカレは論文『三体問題と運動方程式について』を執筆し、論文の中で「安定した存在ではない」と主張しました。彼の論述の要点を整理すると以下の通りです。

「重力の法則下にある2つの物体から成り立つシステムの運動は周期的だが、物体が3つ以上になれば、周期性は存在せず、カオスになる」

私はシベリアでトナカイを放牧しながら生活するエヴェンキ族という少数民族たちについて生態人類学的な研究をしていますが、研究を進める上ではカオス理論が重要だと考えています。

人口規模の小さい集団は植民地支配という苦い経験をしている。これは事実だと思います。物質や技術の力で伝統的な地域が掌握された歴史があり、悲しいことに、彼ら少数民族の伝統文化は異端視、排除されて正当に理解されることはありませんでした。一方、本章ですでに登場したレヴィ・ストロースをはじめ、人類学者たちは文化が多様であり、土地固有の知恵が生きていることを世界に発信してきました。

グローバル化が進展し、世界がますます「縮小」してゆく現在、少数民族は政治的、経済的な危機に直面しているよりもむしろ、地球規模の環境の変化に遭遇しています。彼らの暮らしは異常気象や災害の発生、環境破壊など、未知で不確定な要因と結果が複雑に絡み合う事態になすすべもない状況にあります。私はカオス理論からヒントを得て、彼らと彼らを取り巻く現状をもっと正確に整理し、研究を進めなければならないと感じています。

8．無限のつながりの中で

私たちの生きる地球にはさまざまな国や地域、民族が存在し、異なる政治・経済システム、生活が営まれていますが、それぞれが分離し、単独で存在するのではなく、お互いに関係し合い、また影響し合っています。このような状況下で環境問題が地球規模で発生し、深刻化していることはすでにご存じだと思います。もはや環境問題の原因は一つではなく、個人やある団体の責任だけでもありません。環境問題は解決しなければならない。しかし、原因がはっきりしないのです。それでも多くの人々が原因と解決策を理解し、問題解決へ行動を促さなければなりません。そこで私がみなさんに提唱したい解決方法は「自分がダイナミックに世界とかかわっていることを認識する」です。

私たちは人の性質や特徴について無意識のうちに分類

し、固定化してしまう癖のようなものがあります。たとえば、「私は数学ができない」「田中さんは数学が得意だ」など。ですが、私たちが生きる環境の変化によって、常にあなたにも変化が起こり得ます。ここで言う変化とは特に内面、精神的な変化を指します。与えられた条件や時間、場所などの要因が結果に影響することは当然あります。数学の点数が悪かったのは、あのとき睡眠不足や友人関係の問題もあって、ちょっと疲れて試験勉強に集中できなかったからだ。数学は嫌いだったけど、新しい先生に代わってからなぜか面白く感じるようになったなど。このように自分がどこか「変わった」「変わることができる」という実感は経験から導き出されることが多いです。

自分とその周辺の「要素」（物事、出来事や現象）には無限のつながりが存在し、生きている限り、自分をつなぐその「要素」は無限に増え続け、重なり合いながら拡大してゆきます。私たちは身の回りにあるたくさんの要素（条件や現象）によって影響され、流動しているのです。固定されることはありません。

そこで、最後にまとめとして皆さんにお伝えしたいことがあります。それは、何か新しいことに出会ったり、問題に直面したりしたとき、最初から固定観念や感情にまかせて排除してしまうのではなく、謙虚になって受け入れたり、落ち着いて判断すること。このメッセージを心のどこかに留めておいていただけると幸いです。

*

これまでにお話した４つの考え方をもとに数学を応用すれば、動物の生存個体数をシミュレーションしたり、将来数を予測したり、文字を持たない少数民族の先祖の歴史を人間の文化や知恵を数学的に解釈することだってできると信じています。この他にも数学の可能性をもっと幅広い分野に応用し、数学を使って研究の可能性を拡大したいとも思います。

数学は私たちの生活とともにあります。私は仕事の都合でモンゴルの首都、ウランバートルや中国の首都、北京に行くことが多いですが、移動の度に渋滞に悩まされてきたような気がします。渋滞はどうやったら解決できるのか、何となく考えていたときに、偶然にも渋滞に関する研究報告を目にしました。渋滞を数学で解明し、渋滞解決のための方法を示した先生がいるのです。東京大学の西成活裕（にしなりかつひろ）先生は数理物理学が専門の「渋滞学者」で、高速道路で車間距離が40メートル以下になれば渋滞になることを証明したのです。

では、一体どのようにして渋滞は解消されるのでしょうか。以下、その仕組みを具体的に説明しましょう。

西成教授が証明で用いたのは、ASEP（Asymmetric Simple Exclusion Processの略で「非対称単純排除過程」、「エイセップ」とも呼びます）という名前のモデルです。これはとてもシンプルなモデルです。下の図を見てください。

進行方向 ⇒　　　　進行方向 ⇒

t			○	△				■		◇	●	▲		□		▼			◇					
t+1			○		△				■	◇	●		▲		□		▼			◇				
t+2				○		△			■	◇		●		▲		□		▼			◇			
t+3					○		△		■		◇		●		▲		□		▼			◇		
t+4						○		△		■		◇		●		▲		□		▼			◇	

図　ASEPモデルと渋滞解消の仕組み
（西成活裕『とんでもなく役に立つ数学』（角川ソフィア文庫、2014年）を参考に筆者が作成）

まず、図の左にある t は時間（time）のことで、数字が足されてゆくほど時間が経過していることを示しています。マス目をつなぎ合わせた長方形の直線の帯は高速道路、マス目の中にある丸や三角、四角などの記号はさまざまな車両だと思ってください。車両間のグレー色のマスは車が走っていない、つまり、車間距離を表していることになります。また、車は左から右へ高速道路を走っていると考えてくださいね。

すると、一番上の t では車間距離が短くなっていますが、車間距離を保てば、t+4 では車が最も遠くに進んでいますし、車間距離が均衡に取れている様子がはっきりと読み取れます。マスの中に車があるかないかという単純な条件を連続させただけで、渋滞解消のヒントが見えてくるのです。この研究結果にもとづいて、実際の道路で車を走らせてみますと、確かに渋滞が解消に向かったことが実証されています。

西成教授の研究から渋滞に関する知識が得られただけではありません。渋滞をさらに別の現象とリンクさせて、社会に役立てる試みも可能なことがわかりました。お店での行列と待ち時間、交通機関の運行など色々な場面で応用できます。西成教授は私たちに渋滞と数学を考える面白さも提供してくれるのです。

西成教授曰く、渋滞とは違った物事を結びつけて考える「技」は次のようにして磨かれてきたそうです。

「箱にたくさんの単語を書いた紙片を入れておく。毎晩２枚を取り出して、それらを論理的に結びつけるという『紙切れ連想術』だ。３～４年続けるうちに野良犬と三角関数でも結びつけられるようになった」

また、

「数学や物理の理論を学んでいると、いくら高度な研究を発表しても社会に成果を還元できているという実感は持ちづらい。……そこで専門である流体力学を何らかの社会問題の解決に使えないかと相性の良さそうな対象を実社会の中で探すようになった」（「日経ビジネス」、2010 年 10 月 4 日号）

とのことです。

そして最後に、西成教授が『とんでもなく役に立つ数学』（角川ソフィア文庫、2014 年）で述べた言葉が、

「数学に携わる者は慎重だが、冒険家だ」

です。

確かに、数学者からは、そんな人間の性格（の一部）が読み取れるようです。ロシア人のペレリマンという数学者がいますが彼は宇宙の存在という壮大なテーマを数学で解き明かそうとした人物です。彼はポアンカレ予想というおよそ 100 年間もの間、解答が見いだせなかった超難問に挑み、微分幾何学と物理学を用いて証明したと言われています。数学をする人は言い換えると、慎重でありつつも、挑戦を楽しんでいるのかもしれませんね。

*

数学の対象になりにくいであろう物事と自分の専門領

域を結びつけ、人間関係、恋愛関係など変化する現実や難題に果敢にチャレンジし、とても示唆的な回答を導き出す。そんな数学研究者から刺激を受けることは多々あり、また尊敬すべき存在でもあります。複雑な図式を解くことは確かに難しいですが、数学を学び、実践することでチャレンジ精神を保ち続けることができるのが大きなメリットではないでしょうか。

私たちが抱く、数学のそもそものイメージを一度覆すとどうなるでしょうか。数学は「できる」、「できない」という2つの思考の枠に収まるようなものではありません。あらゆる事象を包み込むようなとても幅広く、なおかつ奥深い学問です。数学の思考や視点が頭の中にあれば、合理性、経済性、持続性、平和など私たちが実現したい、目指したい状態がより一層イメージしやすくなります（私の場合、モンゴルにおける遊牧民の土地の分配を考えたときがそうでした）。だからこそ、もっと広い意味で、数学（数字もそうですが）を豊かに、柔軟に一つの文化として考えてゆくことが大切なのではないでしょうか。

主な参考文献

・内林政夫『数の民族誌―世界の数・日本の数』八坂書房（1999年）。
・吉田洋一『零の発見―数学の生いたち』岩波新書（1939年）。
・西成活裕『とんでもなく役に立つ数学』角川ソフィア文庫（2014年）。
・ドゥニ・ゲージ著、藤原正彦監修『「知の再発見」双書74　数の歴史』創元社（1998年）。

6 「生命・宇宙・芸術」を理解するための数学

深尾葉子

1．理系への道に立ちはだかる「数学」というハードル

中学、高校で数学の点数がよくなかったために、ずいぶん進路が狭められたように思っています。空間デザインや設計にも興味があり、そういう道に進みたいと思ったり、農学や農業を学びたいと思ったこともありました。しかし、そういう専攻には必ず数学の入試がつきもので、当時の成績では望むべくもなかったのでした。結局、得意だった英語を活かして、大阪外国語大学に入ったものの、異分野への憧れは捨てられず、その後地域研究やフィールドワークを通じて、徐々にまた、景観や里山空間の再生といった問題に接近することになっています。

考えてみれば、文系、理系と進路を分けるのはあまり合理的な方法ではないように思います。工学や理学を研究するにも、文系的センスや背景知識が必要だし、逆に地域研究や歴史研究を行ううえでも、理系的知識は必要です。文理融合などと声高に叫ばれても、現実には学問のハードルが立ちはだかり、両者が容易に交われないという傾向があるのです。

2. 文系と理系それぞれのこだわり

しかし、研究を進めるなかで、理系的発想と文系的視野の両方が不可欠であると考えさせられることがますます多くなってきました。私は、かれこれ20年以上毎年、中国黄土高原にフィールドワークに通っています。黄土高原とは、黄河の中流で、大量の黄土が流れ出し、また春には黄砂が舞い上がる地域です。そのプロセスを理解し、どうすれば黄砂が舞い上がらない状態を作り出すかを考えるのには、人間活動と自然の作用の両面にまたがる認識と理解が不可欠です。

ところが理系の研究者は、往々にして人間活動のもたらす影響について、その役割と作動を過小評価する傾向があります。また、文系の研究者は理系の領域に立ち入らないようにして、自らの専門性を保とうとします。重要なのは両者相まって、表層土壌に変化が生まれ、それが次のステージへと移行し、大規模に進行するという複雑に絡み合ったプロセスを理解することなのですが、文系も理系も自らの所属する学問領域の専門性にこだわり、その厳密性を高めようとするためか、異業種、異なる領域のもたらす知見をとりこむことに、それほどどん欲ではないのです。結果、どの学問分野も自身の「専門分野」に特化した説明を求めがちで、トータルな視野を獲得することがおろそかになりがちです。

こうした専門分野による分断がもたらす弊害は、具体的な対策や有効な対応を考えようとする場合に顕著となります。現象を切り取って観察し、その範囲において最も適切な答えを求めようとするために、それぞれの学問分野で異なる点が強調された対策が講じられがちであるからです。

3．学問がつくる環境問題

たとえば、内モンゴルの草原の砂漠化対策では、「木を植えよう」という運動が多年にわたって行われましたが、そもそもモンゴルの人々は、放牧を主たる生業として生活してきたため、草原が安定した景観でした。草原というのは人間と家畜と生態系が相互に作用しあって維持されるある種の「人為的環境」です。それが何らかの要因で不安定化し砂漠化したからといって、草原ではなく森にしようとすると、逆にバランスを逸してさらなる破壊を招いてしまうのです。

モンゴルで「井戸を掘る」という援助プログラムが行われましたが、モンゴルを深く知る人達は、「モンゴル人はあの少ない水で生活する術を蓄えてきて、あの環境で長く暮らしてきたのに、井戸を掘って水をたくさん使う生活をさせようというのは文化破壊だ」と訴えます。さきの植林も同じです。モンゴル族は「草原の表面は人間の皮膚のようなもので傷つけてはならない」という教えを長く守ってきましたが、植林も、灌漑による耕地化も土壌表面を傷つけ、一層の砂漠化を引き起こすきっかけとなったのです。

重要なのは、年間降水量 100 ミリ以下という乾燥地帯においては人間の生き方はどうあるべきか、という問いなのですが、「科学技術」に依拠した発想は、「年間降水量100ミリ以下でもこんなことができる」と技を競い、短期的利益や効率の向上、所得水準のアップ狙います。その結果、無用な地下水の汲み上げを行ったり、塩害を招いて草原の環境を回復不可能な状態に追い込んでしまいます。さらに過放牧が原因ということで、放牧禁止政策をとり、定住政策を推奨した結果、草原の耕地化を招き、黄砂の発生をより加速させることとなる、といった事例は数多く存在します。

こうした問題は、「現象を学問的アプローチで切り取る」ことによって生ずると私は考えています。生態系を回復しようとして行った行為が、「切り取られた時空」での最適化であるために、かえって全体として生態系の悪化を招くというジレンマが引き起こされるのです。

経済学はこの「切り取られた時間と空間」における最適化を求めることが得意です。「最適化」とはすなわち、「ある一定の時間」ないしは「条件」の中で、最も効率的で合理的な解を求める算術であり、その計算プロセスが数学的手法をとるために、経済学は社会科学のなかでもっとも自然科学に近い「科学的学問」であるとされています。しかしよく考えてみると、対象となる時空を切り取り、さらにそれを分析する手法もあらかじめ確定して得られる答えは、せいぜい「局所合理性」あるいは「局所最適」にすぎないのです。

それなのに、人類は経済学的に切り取られた計算根拠を積み上げて、「合理的である」とする経済政策、生産活動に邁進した結果、地球環境を回復不可能な状態にまで破壊するほどの現代文明をもたらした、といえるのではないでしょうか。

4．文系と理系を切り分けない数学

思えば、古代ギリシャの哲学者は、万物の根幹を数で捉えようとしていました。ピタゴラス然り、プラトン然りです。中国やインドの古代哲学も天体の運行や大地の節季の移り変わりから、政治や人間活動のあるべき形を求めようとしました。その意味では世界の認識の根幹を創りだすような哲学的思考が編み出された古代の思想に立ち返るような、文系理系を切り分けないような教育システムや思考が、あらためて必要とされているのではないでしょうか。

万物の理としての数学や、本源的思索をともなった数学への問いが早期の教育でも取り入れられ、そのうえで算術的数学を教えるようなシステムが構築されれば、理系、文系と早くから分化し、両者をまたぐような思索が生まれにくい現代の教育システムを変えることに寄与するのではないでしょうか？　理系・文系を分化するシステムは、現代社会の危機をより深刻化する方向に働くのではないかと危惧します。

インドのシタールという古典音楽がありますが、季節や時間ごとに決められた「ラーガ」と呼ばれる一定の音のパターンに、無限の複雑なリズムを組み合わせ、演奏されます。タブラという打楽器が繰り広げる即興的なリズムは、実はきわめて複雑な計算によって成り立っているのです。人間の感性に訴えかけ、季節ごとの身体の調節にも役立つインド古典音楽が、実は徹底した数理システムに裏打ちされている、というのは一見意外なようですが、納得がゆきます。魂を揺さぶられるリズムや身体の動きは、むしろその奥深いところに「数」の神秘を秘めているのかもしれません。そんな本源的な「数」や「数理」への問いかけを、若い時代に獲得することができれば、豊かな気持ちで数学に接することが出来、結果として、さまざまな領域で数理や数学を理解する人材が活躍するのではないか、と期待しています。

7

生物の「時間知覚」は数学で説明できるのか？
——学際分野での数学

長谷川貴之

1．はじめに

筆者（長谷川）は現在、「高等専門学校」という校種の国立学校で、数学や統計（とうけい）学を教えています。

高等専門学校は、高等学校と大学をくっつけたような学校で、高等教育機関に分類されています。「高専」と略して呼ばれることも多く、NHK で「高専ロボコン（アイデア対決・全国高等専門学校ロボットコンテスト）」の放送をご覧になったことのある諸君も多いのではないでしょうか。第 1 学年から第 3 学年までが高校に相当し、また第 4 学年・第 5 学年そして 2 年間の専攻科（せんこうか）が大学に相当します。したがって、第 3 学年から第 4 学年に「進級」するということは、世間標準でいえば、「大学生になる」ということになります。見方によれば、「大学受験を経ずして大学生になる」ということもできます。

学生は、5 年間の教育を受けることによって、短大卒業相当の「準学士」の学位を得ることができます。5 年生の約半数は就職を希望します。不況下でも高比率で就職することができます。残り約半数の学生は在籍校の専攻科に進学しますが、学業成績が良ければ、その際筆記の入学試験を免除されます。

また国立大学の編入学試験に挑戦して3年次（東大と京大は2年次）に編入する学生も少なからずいます。高等専門学校の卒業生を特に引き受けるために設立された大学もあります。長岡技術科学大学と豊橋技術科学大学がそれです。

専攻科を卒業することによって、大学の学部卒業に相当する「学士」の学位を取得することができます。専攻科卒業までのトータルの学校納付金額が、公立高校・国立大学を経る場合と比べて、約百万円安くて済むため、保護者にとっては魅力があります。

ほとんどの高等専門学校の校名は「○○工業高等専門学校」となっており、例外はありますが、新入生（高校1年相当）は入学の段階から工学系のいずれかの学科に属しています。高校と共通の学習科目の他に、工学専門の学科教育を受けます。初年次から高学年になるにつれて、次第に専門科目の比率は増えていきます。また、高等専門学校では大学受験対策の勉強をしないかわりに、早く本格的な専門教育を受け始めます。そのための準備として、たとえば数学では、1年生で三角関数の加法定理（高校課程では「数学Ⅱ」）を勉強したり、2年生でいろいろな関数の微積分法（高校課程では「数学Ⅲ」）や行列・行列式（大学での「線形代数」）を勉強したりします。さらに3年生の数学では、「無限級数」、「偏微分」、「重積分」、「微分方程式」といった工科系大学生レベルの「解析学」の勉強もすることになっています。

高等専門学校は日本の国内にありながら、何か別の国にある学校のように思えるかもしれませんね。

高等専門学校の教員構成としましては、助教・講師・准教授・教授から成り立っています。教員は、高校と同じように事務職員や、また工科系の学校特有の技術職員（技官）のサポートのもとで、教育・校務そして研究に携(たずさ)わり、皆、多忙な日々を送っています。

1.1　筆者個人としての回り道

いったい「時間」とは何でしょう？　私は、幼い頃からこの疑問をいだいていたとおぼろげに記憶しています。軽い腸炎にかかって布団に横になっているときや、また母からお使いを頼まれて自宅から遠いところまで歩いているとき、一人でぼんやり考えていたようです。何かにつけ「時計で示された時刻(じこく)」と「主観的に捉えられる時間(じかん)」との間に隔(へだ)たり（ギャップ）があることに気づき始める年頃になっていたのでしょう。そろそろ社会性を獲得する成長過程で、主観的に判断される時間を否定して、時計で示される時刻にしたがわなければならないことになります。つまり、

（他者）「早くしなさい！」

（私）「ええっ、本当？　もうこんな時間だ！　わかったよ。急ぎます」

とか、

（私）「もう時間だから、早くして！」

（他者：時計を見ながら）「まだ30分あるよ。待って！」

（私）「はい、待ちます」

といった場面とその対処のことです。たとえば利害関係の対立場面やものの道理を説得されるような他の場面と

同じように、主観を押し殺して客観を尊重する、という対処方法を学ぶ良い機会です。多くの大学に客観性のシンボルとしての時計がついた高い塔があり、厳格な場所であることを示しているのと同時に、個人としては威圧感を覚えるのも、またレジャーランドに時計は置いてあってもあまり強調したディスプレーにしないことも、きっとこの時間のギャップと関連があるのでしょう。

私はこういった時間の諸相が面白く感じ、これらの差異に敏感になっていきました。**時計で示された客観的時刻と主観的に捉えられる時間の違いが生じる過程は、どのように説明がつくのか**、可能ならば知りたい、と思うようになりました。こんなに不思議なことならば、既に誰かが解明していて、学校で勉強していけば、いつかは教わるのだろう、と期待をしていました。個人的にいだいていた他のさまざまな疑問のほとんどは、高校に進学するころまでに、解決したり、解決の道筋が見えたり、または自分には解決不能であったりどうでもよいことであることが判明しました。ところが時間に関するこの疑問は、手がかりがないまま純粋に個人的未解決問題として残りました。そしてその後、人生の岐路に立つたびに、ふと、この問題が頭をもたげるようになりました。

まず高校入学の頃は「物理学を勉強すれば解るかな？」と考え、物理学の勉強をしてみました。多くの人は、実数全体からなる集合として時間を捉えれば、そこから時間に関するあらゆることが演繹される（導かれる）と誤解しています。私もそうでした。しかし、単なる実数全体からなる集合では、あまりにもお粗末です。そのとき、**ミンコフスキー時空**というものに出会いました。これは、アインシュタインによる特殊相対性理論を表現するための数学として考案された、技術的に大変素晴らしいものです。しかし、私の求めている時間論ではなさそうでした。

もっと奥深く物理を勉強していっても私のいだいている疑問に答えられる見込みがないだろうと判断し、高校の次の進学先を考える頃「物理学の基礎となる数学を勉強すれば解るかな？」と考え、数学の勉強に取り組み始めました。約2,500年前から人々の話題になっている「アキレスと亀」[1]や「飛ぶ矢は止まっている」[2]のような**ゼノンのパラドックス群**と、「無限」の概念や数学のさまざまな試みは時間と関係がありそうです。そこで、**無限集合論**をしばらく勉強しました。しかし、これも私の求めている時間論ではなさそうでした。

1　概略（本章の趣旨に沿って意訳）：亀が一匹、身体能力の高いアキレスから遠ざかる向きに、ゆっくりと歩いている。アキレスは亀を追いかけようと思い立った。アキレスが初めに亀のいた位置にたどり着いたときには、亀は、少しであるが亀なりに前進しており、アキレスの前方にいた。さらにアキレスがその亀のいた位置にたどり着いたときには、亀はもっと少しであるが前進しており、アキレスの前方にいた。このように考えてしまうと、いつまでも亀はアキレスの前方にいることになる。ところが現実には、アキレスならば（いや、アキレスでなくても）容易に亀に追いつくことができるはずである。一体、上の考え方に立脚した者に対して、具体的にどこが誤りであると指摘し、どう修正させるのが適切か。

2　概略（本章の趣旨に沿って意訳）：矢は、飛んでいたとしても、各時刻においては運動していない（現代では、シャッター開放時間の短い「瞬間写真」を思い浮かべるとよい）。したがってもし時間が、単に時刻だけからなる集合であったならば、矢は運動できないことになる。ところが現実には、矢は動く（それどころか、早い速度で飛ぶ）。したがって、時間を時刻だけの集合と捉えることは誤りである。それでは一体、時間や時刻と運動を、どのように定義するのが適切か。

もっと奥深く数学を勉強していっても私のいだいている疑問に答えられる見込みがないだろうと判断し、「数学の基礎である論理学を勉強すれば解るかな？」と、次に数理論理学の勉強に取り組みました。確かにこの分野には**時相論理学**という非古典論理学はありますが、しかし私の求めている時間論ではなさそうでした。

もっと奥深く論理学を勉強していっても私のいだいている疑問に答えられる見込みがないだろうと判断し、「次は何を勉強すれば解るのかな？」と、哲学や宗教学までも横目で見ながら、迷っていました。そのころ偶然に、心理学・行動科学の分野に「時間知覚」を扱う分野が現れている、ということを知りました。そのとき、私はすでに 40 歳代半ばになっていました。

次節でその時間知覚の説明をしましょう。

1.2　時間知覚とはどのようなものか

視覚、聴覚などの知覚には普通感覚器が備わっています。たとえば、視覚には眼という感覚器官があります。かなり大雑把に言えば、眼の網膜で捉えられた 2 次元画像は視神経を通じて脳に伝えられ、そこで 3 次元に戻す処理を受け、立体として知覚されます。綱渡り的な処理を経て知覚されるため、さまざまな**錯視**も生じます。また聴覚には耳という感覚器官があります。音によって生じた鼓膜の振動は聴神経を通じて脳に伝えられ、そこで音として知覚されます。これらの他にも、嗅覚、味覚、体性感覚、平衡感覚などがあり、それぞれ感覚器官が存在します。これらも、錯視と同じように、感覚器官が存在しながら、それぞれ客観的な刺激の内容と異なった知覚を得ることがあります。

感覚器官は特定の種類の刺激に反応します。それでは、時間のために特化した感覚器官は存在するのでしょうか？　「腹時計」ですか？　それは違います。お腹がすいたとき「ぐぅ」となるのは、時刻を示すためではありません。空腹であることを知らせて、軽い飢餓から身を守ろうとするサインを出しているだけです。もし間食を続けて満腹状態のままだったり、またもし体調不良で摂取した食物の消化速度が不安定だったりするならば、いくら時間を計測したくても「腹時計」は正常に働かないでしょう。私の知る限り、現存する生物には時間に特化した感覚器はありません。感覚器官が存在しない知覚ですから、客観的な時刻に基づく内容と異なった知覚を得るのは、当然のことです。

粘菌という単細胞生物がいます。驚くことに粘菌も、時間を捉えて適切に行動することを、日本の生物学者グループが次のように示しました。粘菌は、低温・乾燥刺激を嫌います。そこで、数十分規模の等しい時間間隔で数回、粘菌に低温で乾燥した空気を吹き付けます。そのたびに、粘菌は身を縮めます。その後何もせず放っておくと、ちょうどその時間間隔が経った後に、粘菌は身を縮めるのです。さらに長時間経った後でも、低温・乾燥刺激を与えると、そのときにもちろん身を縮めますが、その後何もせず放っておいても、ちょうど以前の時間間隔が経った後に、粘菌は身を縮めます。つまり低温・乾燥刺激がやってくる時間間隔を記憶していた、ということになります。粘菌のように、神経細胞や脳を持たない単細胞生物ですら、生存のために特別な意味を持つ時間ならばそれを捉えて行動しているのです。したがって、生物一般にとって時間知覚は、原初的な知覚の一つと考えて間違いありません。

ではそのように重要な知覚であるにもかかわらず、なぜ現存する生物に時間の感覚器官は存在しないのでしょうか？

自然界は、生物に時間の感覚器官を持つことを禁止したり、または抑えているのでしょうか？　感覚器官による物理的に堅固な情報を得てしまうと、融通が利かなくなるのかもしれません。たとえば捕食動物が獲物を狙うとき、自己の時計で間合いをとるより、獲物の動きに鋭敏になっていた方が成功する確率は高く有利でしょう。ヒトにとってもそうで、会話は、互いに相手とのタイミングを合わせることによって成り立ちます。

またそれとも、生物は時間の感覚器官を持っても構わないが、他の器官や知覚が時間の感覚器官の代わりになるように進化して、不要になり消えてなくなったのでしょうか？　もしそれなら、古生物の化石の中に発見されている役割が不明な器官の一つに、時間の感覚器があるのかもしれません（古生物学の研究者と知り合いになって、詳しく聞いてみたいと思っています）。もちろん、生存のために重要な外界の情報を得るためなら感覚器官は必ず作り出される、というものでもありません。たとえば、生物にとって有害な放射線を検出するような生体器官は、はっきりと知られていません。

生物が捉えている時間にかかわるものとして、**概日リズム**というものもあります。広くバイオリズムと呼ばれているものの一種です。「概日」とあるのは、「ほぼ1日を周期」としているからです。概日リズムは**時間生物学**の分野で扱われ、DNA[3]レベルまで分析が進んでいます。ちなみにこの分野は、日本が世界をリードする研究分野の１つです。概日リズムは時間知覚と密接な関係がないわけはありません。しかし、私が関心を寄せている時間知覚そのものではありません。時間知覚は、昼夜を作り出す惑星の自転周期に依存したものではありません。現在ロサンゼルスやマイアミでよく見かけるジュズカケバトは、メスが概日リズムで抱卵し、オスが時間知覚によって抱卵するとの報告もあります。

さらにまた、ミリ秒単位で測定される**反射**の中にも、生物と時間の興味深い関係が見られます。神経伝達速度に依存する瞬時(しゅんじ)の反応で、音楽のリズムがその一例です。しかしこれも、私が関心を寄せている時間知覚そのものではありません。

2．時間知覚を調べる方法の例

時間がどのように生物に知覚されているのか、客観的に知る方法の一つを紹介しましょう。

ネズミやハト、金魚、ベタなどの扱いやすい動物で調べます。ヒトでも構いません。むしろヒトがどのように時間を知覚しているのかを知りたいくらいです。しかし急がば回れ、客観性を重視して、動物で実験します。ヒトは「生(なま)の時間」を知覚するかわりに、「道具」を使ってしまいがちで「不純」なので、後回しにするのです。こ

3　DNA：デオキシリボ核酸（deoxyribonucleic acid）。多くの生物において遺伝の情報とその発現を担う。

こで言う「道具」には、機械的な仕掛けもありますが、その他に、手足を周期的に動かしたり、言語（数）を使って数えたりすることも含まれています。これらを、**カウンティング**（counting）と呼ぶことにします。

まず一定の時間間隔をとり、固定します。たとえば、30 秒とか 3 分とか 30 分です。これをしばらく T と表すことにしましょう。実験動物に、T を覚え込ませます。その方法は、次のようなものです。

動物の大きさに見合った蓋つきの箱を用意します。動物としてラット（ネズミの一種）を例にとりましょう。約 30cm の長さの辺からなる直方体の箱を使います。一つの壁にはスイッチにつながるレバーを取り付けます。これは、前足を載せてスイッチを押すためのもので、数 cm 四方の大きさの金属板でできており、ラットが軽く押しただけでスイッチが入るように作っておきます。

時間自身に実験開始の印をつけることはできません。そこで、箱に取り付けたスピーカーや豆電球による音や光を合図にして実験開始や試行開始を動物に知らせます。ネズミは夜行性の動物ですので、あまり明るい光だと嫌がります。薄暗い光を灯すことにより実験が開始されたことを知らせます。さらに、音を鳴らし続けて試行が行われていることを知らせることにしますが、音としては、筆者（長谷川）は 6,000Hz といった比較的高い音を、「シ、シ、シ、シ、……」と素速く断続的に鳴らしています。

この開始合図から T 後以降、最初にスイッチを押したときに、用意してあった美味しそうな小さなエサの報酬（ご褒美）を自動的に与えるようにコンピューターのプログラムを組んでおきます。ただし、実験動物は生まれつきこのことを知っているわけではありませんので、前もって、たとえば、次のようなレバー押しの準備トレーニングをしておきます。そこでは、特に音や光を試行開始の合図として使いません。

動物を箱の中に入れて、CCD カメラからの画像をモニターでよく観察しながら、動物がレバーに近づいたときに手動で報酬を与えてみます。もちろん、手で与えるのではなく、箱に開けたエサ用の窓口から機械を使ってエサ皿に与えます。エサ皿はレバーのすぐ傍になくても構いません。何度か報酬を得るうちに、最初箱の中全体をうろうろしていた動物は、レバーの近くをうろうろするようになります。そこで、より近くレバーに近づいたときに、手動で報酬を与えるようにします。

そのうち、時々前足でレバーに触れるようになります。そうなったら、単にレバーに近づいても報酬を与えず、意図せず偶然でも何でもよいから、スイッチが入らなくても前足がレバーに触れたときに、手動で報酬を与えるようにします。すると、しきりに前足でレバーに触れるようになるので、その都度手動で報酬を与えます。次の段階では、レバーに触れても報酬を与えず、レバーを押してカチッとスイッチが入ったときに手動で報酬を与えるようにします。この作業を、行きつ戻りつして、根気よく数十分間続けます。1 日でこのレバー押しの準備が完了することもあれば、数日間続けなければならないこともあります。魚釣りのときにする撒き餌のようですね。**行動科学**ではこの手法を、hand shaping と呼んでいます。ここで hand とは「手動」のことで、shaping とは「適応行動形成」のことです。

そこでいよいよ時間間隔Tを覚え込ませましょう。薄暗い光を灯すことによって実験開始を合図し、さらに音を鳴らし始めることにより試行開始を動物に知らせます。

動物を箱に入れると、この開始合図前からしきりとレバーを押すこともありますが、各試行開始合図から数秒待たせます。「待て！」のトレーニングです。数秒待って、動物が最初にレバーを押してスイッチが入ったときに、コンピューターを使って自動的に報酬を与えるようにします。このとき、報酬を与えた後数秒間の無音の休憩（きゅうけい）を入れることにより、1つの試行が終えてリセットされて次の試行に入ることを知らせます。この休憩を試行間間隔と呼びます。ただし、実験中ですので薄暗い光は灯したままです。この一連の作業を数十回行います。翌日以後は、Tの長さに向けて、待つ時間を少しずつ伸ばしていきます。数日後、試行開始T後にレバー押しをすることを覚えます。

これで完了、ではありません。次に、たとえば、4回の試行のうち1回といった比率で、報酬を与えずに、Tのたとえば3倍の間音を鳴らし続ける回を無作為（むさくい）に混（ま）ぜます。この報酬を与えない試行を**探針（たんしん）試行**（probe trial）と呼びます。探針試行を混ぜることにより、時間Tを過ぎていることを判断せよ、と動物に迫（せま）るのです。1日あたり1回の実験で、1回の実験は百数十回の試行からなり、そのうち探針試行は数十回です。この探針試行を混ぜた全体を、**ピーク法**と呼びます。このようなことを十数日続けていくと、図1のような探針試行のデータが得られます。約1か月続けると、それ以後はほぼ安定します。

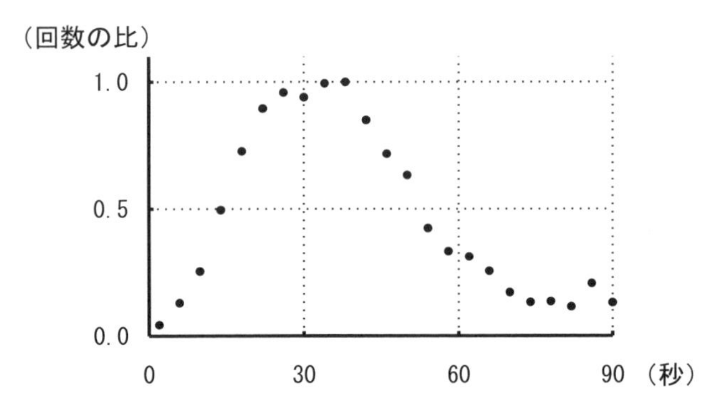

図1　Tが30秒のときの、あるラットの、ある1日の実際のデータ例。縦(たて)軸は4秒ごとのレバー押しの合計回数。ただし最大値を1として、比率で表現。[T. Hasegawa 他、A model of multisecond timing behaviour under peak-interval procedures, *Journal of Computational Neuroscience*, Springer, 2015 より抜粋(ばっすい)]

図1はT=30秒のときの、百数十回の試行中の実際のデータによるものです。眺(なが)めると判るように、ぴったり30秒のときだけレバーを押すのではなく、その前にもレバーを押しています。報酬は早く欲しいのですが、無駄に押しても報酬を得られないことを動物は学習しており、30秒に向けてだんだん報酬への期待が高まっていることが定量的に読み取れます。また、30秒を過ぎると、もう報酬が得られないことを動物は学習しており、次第にレバー押しが減っていくことが定量的に読み取れます。これが「動物が主観的に捉えている時間間隔T(=30秒)である」と捉えることができます。

時間知覚をもとにしたと考えられるこのレバー押しのような行動は、一般的に**計時行動**(けいじこうどう)と呼ばれています。ピーク法はロバーツという米国の研究者が編(あ)み出した計時行動を引き出す技術(1981年発表)で、動物がTをどのように捉えているかを詳しく知ることができる方法の一つです。計時行動を引き出す方法は、他にもいくつか知られています。

さあ、あなたなら図1をどのように分析しますか？

3．現象の本質を炙（あぶ）り出す数理モデル——それとも、数学でワカルハズガナイ??

ここで筆者（長谷川）は、数学の出番と捉えます。この節で、数学を使った分析の一部の概略を、大雑把に紹介します。細かいところは解らないまま読み進んで下さって構いません。詳細まで理解するには、少なくとも大学初年次の数学・確率の理解が必要でしょう。皆さんの数学の勉強が進んでからのお楽しみ、としてください。

ちなみに、数学の出番などではない、と捉える人も大勢いることを私は知っています。数年前とある学会である著名な心理学者に出会い、私が「数学を使って時間知覚の研究をしています」と自己紹介したとき、その研究者はいきなり「数学で ワ カ ル ハ ズ ガ ナ イ」と言い出され、ショックを受けた経験があります。他の機会にも、数式を使って説明しようとした途端、顔色が変わる研究者に、何人も出会ったことがあります（もちろん、数学や物理学など、数学を多用する分野とは異なる分野の研究者です)。「数学で ワ カ ル ハ ズ ガ ナ イ」と思う理由は、一般的にはいろいろなことが原因に考えられますが、よくあるケースとして、それぞれが受けた数学教育と相性が悪かった、という可能性が高いです。大まかに言うと、本人も悪くないが、教員も悪くないし、教材も悪くないし、時期も悪くない。しかし組み合わせが悪かった

(ミスマッチ)、といったことです。それが原因で数学に拒否反応を持ってしまわれたのなら、私個人のせいでないにしても、数学教育に携わっている者として大変残念に思います。少人数の教室で、学生個人の適性に合った、きめ細かな数学教育ができるような国が増えることを願っております。

3.1 ある程度説明がつくようになった！ ――スカラー特性とガウス分布

さまざまな動物に対するピーク法による実験データを見ると、だいたい図1とよく似たものとなっています。詳しく言えば、個体ごとに時間間隔 T の値を変えてみても、時間軸方向に拡大または縮小することによって、分布をほとんどぴったりと重ね合わせることができます。この事実は、計時行動一般的に見ることができます。ロバーツの論文が発表される以前から、研究者たちは実験データに見られるこの特徴を**スカラー特性**[4]と呼んで、いろいろと議論してきました。

もともと数学の研究者だった米国の時間知覚の研究者ギボンは、研究者仲間とともに、誤差によるばらつきを表す**ガウス分布（正規分布）**[5]を利用してスカラー特性を説明しようと努力しました（1977年～）。動物がカウンティングを使った場合はこのガウス分布になるので、確かに、いくつかの計時行動について、情報処理の観点から、ある程度説明はつくようになりました。

4　スカラー特性：scalar property.
5　ガウス分布（正規分布）：Gaussian distribution, normal distribution.

3.2　異なる発想でも説明できるか――ポアソン分布

そうこうしているうちに、米国の行動科学研究者キリーンとフェッターマンは、ガウス分布曲線よりも**ポアソン分布**[6]曲線（ガンマ密度関数の曲線）の方が形に合うのではないか、と論じ始めました（1988年）。ガウス分布曲線は、左右対称な形が特徴です。それに対してポアソン分布曲線は少し非対称で、「右に流された」ような印象を与えます。ガウス分布が誤差による散らばりを説明するものであるのに対して、ポアソン分布は、意味のある散らばりを説明します。

またさらに、米国で研究をしていたポルトガル人のマシャドは、より行動科学的な色彩の強い発想を持ち込んで、幾つかのポアソン分布曲線の線形（せんけい）和で表そうとしました（1997年）。漏刻（ろうこく）という水時計が古くから考案されてきました。マシャドは説明の一部にそのモデルを使っています。

余談ですが、数年前、京都教育大学で開いた数学教育の科研研究会の昼食を、藤森神社参道の入り口西横の「そうぞう館」でいただくことになりました。一階の一番右奥のテーブルで食事が出てくるのを待っている間、本書の編者である大竹真一先生に、私が漏刻モデルを説明しました。そのとき私の説明が不足していたため、大竹先生は咄嗟（とっさ）に「生物の体内に漏刻が実際にあるのですか？」と質問なさったことを思い出します。

マシャドの説は、計時行動学習理論としてはきれいなのですが、現実のデータに合わない場面が多く、技術と

6　ポアソン分布：Poisson distribution.

して劣（おと）ったものでした。こういった背景のもと20世紀も暮れ、21世紀に突入し、神経科学の更（さら）なる発達を見ることになります。

3.3 より詳しい説明ができるようになる ――神経科学に基づいた筆者のモデル

私は、マシャドの理論に強く興味を持ちました。数学的な取り扱いが気に入ったのです。理論をどうにか実験データに合わせることはできないかと、コンピューターを使ってシミュレーションをしているうち、神経系に存在する抑制因子（よくせいいんし）を考慮すると上手くいくことに気づきました。神経細胞は、生物が何もしていない状態でも、活動電位を定常的に発生させます。しかし神経細胞の中にはそれを抑制するものも存在するのです。私はマシャドの理論を作り変えることによって、ギボンの理論に劣らない説明率とAIC（赤池情報量規準（きじゅん））[7]の値を持つ理論を萌芽させることができました。説明率とはピアソンの積率相関係数と呼ばれているもの（図2中のr）で、1以下の値で表され、1に近い方が良く説明ができていることを表します。またAICとは、数理モデルの優良性の指標となるものです（小さい値の方が良い）。これらは**統計学**の有名な道具です。次の図2がその例で、左側がギボンの理論による当てはめで、右側が私の理論による当てはめです。

7 AIC（赤池情報量規準）：Akaike's Information Criterion. 1970年代初頭に、赤池弘次（あかいけひろつぐ）（元統計数理研究所所長）が考案。

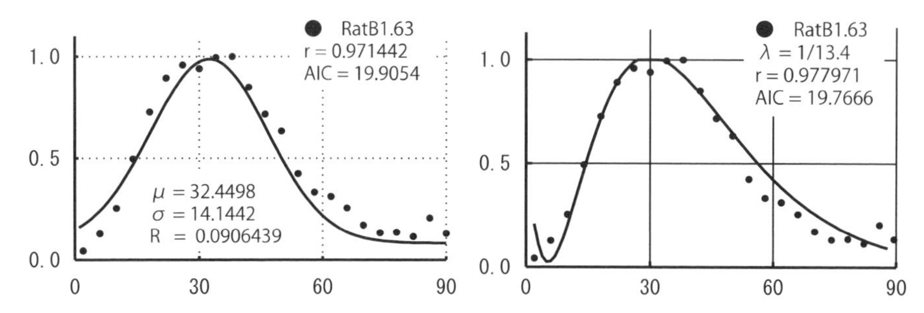

図２　T＝30 秒のときに得られた図１のデータの例に、ギボンの理論を当てはめたもの（左側）と筆者（長谷川）の理論を当てはめたもの（右側）。
ほぼ互角（ごかく）ですが、筆者の方が若干優良。[前出の論文より抜粋]

さらに、私の理論での手法を使うことにより、より広範囲の計時行動の説明がつくようになりました。たとえば、「待て！」の最中に「お手付き」をした場合、ご褒美の量を減らすペナルティがかかるような内容の試行にしておきますと、その抑止成分を定量的に捉えることができます。他にまた、ピーク法で T の値を 3 分の 2 倍～2 分の 3 倍の範囲で変化させた場合、計時行動で使われる時計の役割の神経システムは 1 つだけで、そのシステムは使い回しされる、といったことです。つまり、T＝30 秒とした後に、T＝20 秒としたり T＝45 秒としたりしても、別な 20 秒時計や 45 秒時計が発動されるのではない、という結論です。スカラー特性からのわずかなズレを定量測定することによって、1 つのシステムを使い回す際生じる「残効（ざんこう）」がはっきりと認められることに着目して得られた結論です。

しかし、時間知覚には判らないことがまだまだたくさんあります。私は、時間知覚について判ることがあれば、何でもうれしく思います。

4. 予想と妄想（願いの断片）

最近、教育の現場でも「国際」という言葉に触れる機会が増えました。国と国との際、境界のことを言います。学問と学問の際のことも、「学際」と言います（学園祭を略した「学祭」のことではありません（笑））。筆者（長谷川）は1人で複数の学問を転々と学んできましたが、一般的に多くの場合、複数分野の研究者が集まり、さまざまな発想で異種の技術を使って問題に取り組む、という研究形態が学際研究で採られています。

4.1 神経科学と数学の協働

時間知覚研究では、ピーク法の説明にあったように、心理学者だけが扱っていた領域に、さまざまな数学的な手法を使うことができる研究者が参入して発展してきました。以上は、学際分野の一例として、私のかかわりのある時間知覚論の変遷の一部を紹介しました。

そこで現在、時間学研究で、過去と違ったこととして何ができるか？　と考えると、私は、数学と、最近急成長を遂げている神経科学を併用することを挙げたいと思っています。因みに、神経科学分野の調査ではすでに、時間知覚を司っているのは大脳の奥深いところにある大脳基底核の**線条体**ではないか、と目星がつけられています。私の理論には、今後脳の対応物を実装させる必要があります。上で述べた抑制機能（3.3節）を考慮するならば大脳前頭前野も大事な働きをするでしょうから、線条体だけでなく、大脳前頭前野の活動も電気生理的に同時に記録し分析しています。

実は、2節で説明したラットの実験ですが、私は現在、報酬として美味しそうなエサを使っていません。どうするかと言うと、**報酬系**と呼ばれるラットの脳部位に細い電極を刺(さ)して固定し、そこに微弱な電流を流すことによって、報酬としています。これも、神経科学によってもたらされた技術です。

ちなみに、哺乳(ほにゅう)動物の場合、概日リズムの時計中枢(ちゅうすう)は視交叉上核(しこうさじょうかく)にあります。「腹時計」は、間脳の視床下部(ししょうかぶ)背内側核(はいないそくかく)が関与していることが知られています。

また、「**意識**とは何であるか？」といった超難問が、神経科学には横たわっています。意識中枢は、いまだ見つかっておりません。時間知覚は意識に寄り添って生じているため、数学を使った時間知覚の定量分析研究が、この難問の解明に役に立つとよいな、と願っています。

4.2 「時間」の数理モデルと微分位相幾何学(びぶんいそうきかがく)との協働

ヒトも含めて、生物がどのように時間を捉えているのか、今しばらく調査しなければなりません。その調査をもとにして、「時間」を数学的に公理[8]化し、「時間」の数理モデルを作ることになります。

数学には微分位相幾何学[9]という分野があります。4次

8 公理：axiom. 他の命題（定理）を導くための前提となる基本的な仮定。

9 微分位相幾何学：differential topology. 多様体の微分可能構造を扱う幾何学。微分幾何学（differential geometry）と位相幾何学（topology）の学際分野。

元ユークリッド空間[10]には、位相的には同じであっても異なった微分可能構造が無限にあることをドナルドソンが示しました（1986年フィールズ賞受賞）。このような自由度は、自然界が、種々の時間のモデルを待ち受けている「構（かま）え」なのかもしれない、と私は睨（にら）んでいます。

カントールは、**連続体仮説**というものを言い出しました。自然数全体の集合の無限の度合いと実数全体の集合の無限の度合いとの間には、これらと違った無限の度合いは存在しない、という予想です。これは現在の数学が展開される標準的な枠組（わくぐ）みにとって、証明もできないし、否定を証明することもできない、つまり**独立**であるということが、ゲーデルが示したこと（1940年）、およびコーエンが示したこと（1963年に証明、1966年にフィールズ賞受賞）の2つの証明を合わせることにより、証明されました。

時間のモデルでも、この独立の概念のようなものを使って、併存（へいぞん）可能な公理や定理の存在を示すことができたらうれしいです。

5．おわりに——数学は時間の土俵から飛び出すことができる学問・学際領域の魅力

山口大学に**時間学研究所**を創設した**広中平祐**（ひろなかへいすけ）先生（1970年フィールズ賞受賞）は、時間学が学問としての形になるためには二百年くらいかかるのではないか、と仰（おっしゃ）っているそうです。

10　ユークリッド空間：Euclid（ユークリッド、エウクレイデス）が考えた幾何学の場となる空間。

ほとんどの学問の内容は、時間の土俵上での記述、つまり時間の束縛の中での記述になっています。お釈迦様の掌から外に出ることができない孫悟空のようなものです。しかし数学は、時間の土俵の外に出ることができます。時間の束縛の外に立脚点を持っている上に、そこで使われるさまざまな道具やそこで得られた膨大な真理の蓄積があります。時間を語るにはそれでもまだ「舌足らず」ですが、時間を研究の対象として扱うことができる資格を持った珍しい学問です。時間学という学際分野研究においては、**「数理時間学」**として数学が先導できるのではないか、と筆者（長谷川）は考えています。

また工学において、時間学研究の結果を数学的に表現しておくことができたならば、**AI（人工知能）**[11]への応用の垣根が低くなり、たとえばコンパニオン・ロボットの基本プログラムを設計する際に、自然な時間知覚を持たせたものを考案することができるでしょう。

とは申せ、そもそも一般的に学際研究分野は、もっと広く開拓されてよい、と考えます。“*Notices of the American Mathematical Society*”というアメリカ数学会の月刊会報誌があります。2015年の11月号に‘Mathematical Biology is Good for Mathematics’という論説が載っていました（リード氏執筆）。そこには、タイトル通り、数理生物学は数学に有益であるという本論が述べられていますが、「科学研究のほとんどは生物学である」といった事実も、具体的な数値とともに示されています。もちろん、本書内で河野芳文先生が紹介してく

11　AI（人工知能）：artificial intelligence.

ださっている魚の模様の研究や、角大輝先生が紹介してくださっているケラ（螻蛄）の巣のように、数学が生物学の役に立つ、ということも起こり得ます。

位相幾何学における**ポアンカレ予想**は、2002年～2003年ころにロシアのペレルマン（2006年フィールズ賞受賞辞退：辞退者は空前絶後）が証明しました。私はまだきちんと証明を読んで理解していませんが、純粋に位相幾何学の定理の証明であるにもかかわらず、証明の本質的な箇所で、物理学での「宇宙の温度」が使われているそうなのです。これも学際的な業績です。また、2016年度のノーベル物理学賞は、超電導や超流動など物質の特殊な物理現象を、位相幾何学を使って説明する業績に対して与えられました。これも学際研究です。

どこで、何が、どのようにスパークするか、誰もわかりません。本章がきっかけで時間学や広く学際領域の研究に興味を持ってくださった皆さん、数学だけでなく高校で学ぶチャンスのある他の分野の勉強にも、関心を向けてください。人類にとって未知の領域が、皆さんの身近なところで、たくさん待っているはずですよ。

本章のタイトル‘生物の「時間知覚」は数学で説明できるのか？’への回答ですが、それは正確には「もっとやってみなければわからない」となりましょう。それでも、有望な研究手法である期待を感じていただけたかと思います。私は、永遠の命を欲しいとは決して思いません。それどころか、広中先生が予想する時間学が形をなすであろう二百年後まで生きていたい、と欲張ったことも本気で考えません。しかし、回り道をした分、せめてあと三十年間長生きできたら、と夢想することはよくあります。寿命を三十年加えてもらえたならば、私一人きりでも、今から時間知覚についてだいぶいろいろなことを調べることができるでしょう。とは申せ、現実的には、そのようなことはあり得ないことです。その代わりに、本章をきっかけにして、時間知覚研究に踏み出す次世代の若者が、一人でもよいから現れてくれたなら、と願うばかりです。

あなたは何を描いてもいいのです
——論理と感性を紡いでいきましょう

角　大輝

1. 算数から学びなおそう

この文章を読まれる方々は数学に対してどのような思いを抱かれておられるのでしょうか。好きですか？　嫌いですか？　なんでこんな面倒くさくて難しいことをやらないかんのと思っておられる？　では「数学」の話の前に、まず小学校のときの「算数」のことを思い出してみませんか？「ああ、もう小学校の算数で余裕で嫌いだったよ」という方も、まあまあ、もう大人なのですから、ここは少し冷静に振り返ってみましょうよ——。

すでに算数にはたくさんの人々の知恵の結晶が詰まっています。足し算、引き算、掛け算の筆算の仕方を見ると、うまいことできてるな、と感心させられます。さらに割り算の筆算の仕方まで見直すと、いやはや、よくこんな方法考えた人がいたもんだ、と頭が下がる思いです。え？　筆算の仕方がそれでいいかって考えたことない？そうですね。私もこの文章を依頼されるまであんまりまともに考えたことなかった気がします。そのぐらい自然なのですけれども、その分、本当にうまいことできてるのですね。小学校のころにそんなことまで考えないですよね。先日、自分の小学校４年の長男に「なんで割り算の筆算ってそれでいけるかわかるか？　考えたくないか？」と聞いてみたら「わからん。考えたくない」と即答されました。小学校の子どもにはそこまでの理屈を考えるのは向いてないことかもしれませんが、もう少し大人になってくると、理屈までこめて論理的に考えることができるようになってきます。どうでしょう、ここはひとつ、そんなことを考えながらもう一度足し算引き算掛け算割り算を大人の頭で考え直してみませんか？

分数の話が入ってくるとかなり抽象的です。分数の足し算、引き算、掛け算までは納得できても、最大の難関が分数同士の割り算でしょう。どうして割る方の分数の分母分子をひっくりかえして掛け算にするのか。その説明を考えてみたことはありますか。これは大人でも、難しいことですし、わかりやすい説明をしてください。と頼まれたら、数学者でも少し考えることがあります。

小学校の算数で習う事柄は、その物自体をよく実社会で使うので、大事ですし、その話のなかでいろいろな結果を出す示し方を見ておくことも大事です。また、筆算などのやり方、いわゆる「アルゴリズム」を学ぶことが重要で、それを他人がどのように考えて作り上げてきたか、を学んだり肌で体験することは、算数で学ぶことがらと同じくらい大切なことでしょう。結果の出し方、そして誰もが計算することができるようになる「アルゴリズム」の見つけ方、それらを学ぶことは実社会に出ても必要とされることだと思います。算数については、ぜひ、一から小学校の算数の教科書を読んでみて一行一行の理由・理屈を考えながら学び直しされることをお勧めします。もし、算数の教科書が残っていなかったら、最近復刊された参考文献[1]のような貴重な図書もあります。小学校の算数は奥が深いです。そして一回、理屈を考えながら算数を考え直して「わかった」ということが多くなってくると、なんだか楽しい気分を味わうことが多くなるのが、まったくもって不思議なことです。「ああ、算数で楽しくなるわけないでしょ！」という方、いや、理屈までこめてわかると、人は楽しくて深みを味わうことまでするようになる動物なのですよ。ところで、算数の教科書も案外難しいので、わからないところがでてくるかもしれません。そんなときは、迷わず学校の先生に聞いてほしいと思います。また、この文章を読んでおられる教員の方がいらっしゃったら、出来ましたらそんな生徒さんに算数の理屈を教えてあげていただきたいと思います。

自然数を含む四則演算が入った論理体系は、あまりに実社会のなかに出現しやすく、何にでも使われており、もうこれは空気のようなものでしょう。買い物のとき、とっさに何円って大体の計算をしますよね？　レジうちの方はもっと正確に暗算でおつりを出してくることもあります。毎月のお小遣いがいくらもらえて、それを何か月分ためたらほしい服やCDがいくつ買えるのかな？なんて計算も日々行っています。そのような計算のいきつくところは、実社会における経済活動そのものになってきます。ということで、なんだ、結局はカネの話かよ、と思った方もいると思います。いや実際、生きていくためにお金は大事です。そのほかにも、基本的な論理、筋道を立てて考えて仕事の段取りを考える、というようなことは、小学校の算数を「しっかり」考えなおすだけでもかなりの力が養われるのではないでしょうか。そう考えると、算数とはまったく侮れないものだと思うのです。

2．中学校と高校における数学

2.1　算数と数学の違いはなに？

そして中学校、高校とすすむと「実数」の世界を学びます。たとえば１辺の長さが１の正方形の対角線の長さは２乗して２になる数、すなわち $\sqrt{2}=1.41421356.......$ となってこれは有理数では書き表されない数、といったりするわけです。何かものを作るときに、このくらいのことは当たり前のように使われています。このような数を扱うために、分数で書かれる数をすべて含むもう少し広い数の世界、すなわち「実数の世界」の概念がどうしても必要だと古くから考えられてきました。だけどそもそもいったい、実数ってなんなのでしょう。実数とは無限小数のこと、といいますが、小数点のあとに勝手に無限個の０から９の数字の列をもってきて、それを数として扱って大丈夫なのでしょうか？　この問は本当に難しく、しっかりとした定式化は大学数学科の１、２年生くらいで学びます。高校では、無限小数というのが任意の無限数字列に対して定義されていて、それら全体の世界に足し算、引き算、掛け算、割り算が定義されている、ということを認めて話をしています。

ところで小学校の「算数」と中学校、高校の「数学」の違いは何なのでしょう。さきの節の「算数」については、小学校ではどちらかというと子供向けの論理で説明がなされます。そこではすべて具体例でもって説明がなされますし、まだ「証明」という概念がありません。しかし中学校から、「論理」、とくに自然数とその加減乗除を含む論理体系が導入されてきて、(1) 何かを仮定して (2) 論理を展開して (3) 何々を示す (証明する) ということが明確に意識され始めます。これは

「A ならば B、B ならば C、よって A ならば C」

というように書かれるいわゆる「三段論法」を繰り返すことなどによりなされます。このことは、とても大事なことです。なぜなのか。現実社会で、論理を展開して物事を考えるということが、いつもいつも行われているからです。もちろん、数を含む論理体系だけではなく、さまざまな「論理」が展開されているわけですが、考え、議論を行ってまた考え、そして物事を決める、このような姿勢は、人類が生きていくうえで、必須のことなのではないでしょうか。そのことの大事な訓練が、まさに中学校と高校の数学で行われていると思うのです。人間は誰しも、何らかの直感を働かして思いつきます。そこには、各人の生まれつきや生きてきたなかで培ってきた「感性」が大事な役割を担っていると思います。そして「何々ではないか……何々が成り立つのではないか……」と思い始めるわけですが、それに対して正しい推論が裏付けされるかどうか、あるいは、現実社会において100パーセントの正当性がないとしても、説得力のある推論がつけられるかどうかは、切実な問題でしょう。

各人がそれぞれの直感や感性に基づいて思いついたこ

とを、さらにさまざまな思考をプラスして論理を展開したとき、それを他人にわかるように説明することは、さらに大事なことです。各人の「こう思っている」ということはそれぞれ違っていることがふつうでしょうから、複数の人たちが集まって議論する必要があり、だから、他人にわかりやすいように説明することが求められるのです。

これは、数学においては、あることを直感で思いついたのち、自分で論理を組み立てて紙に証明を一から最後までわかりやすいように書ききることに相当します。そしてこのような論理的思考は、小学生にはあまり向いていません。中学生、高校生という成人に近づいていく年齢の人たちだからこそ、精神年齢があがってきたからこそ、論理的思考ができるのだと思うのです。さらにそして、先の節の算数の話にもどりますが、中学校、高校で数学を（もしわからないとしても）とりあえず学んだうえで、小学校の「算数」をもう一度「論理」の世界の言葉を用いて考え直すことは、とても大事なことだと思うのです。このようにして、小学校で学んだ「算数」、それは現実世界においてあまりによく使うがゆえに生きていくための必須アイテムですが、それをよりしっかりと身につけることができると思います。さらにそしてまた、算数を論理思考でより深く考えることができるようになると、もう一度中学校、高校の数学を勉強しなおすことも可能となり、理解度が増して内容がわかりますから、もっと楽しく学べるのではないかとも思います。

2.2　論理世界のキャンバスに何を描く？

ここで、論理を学ぶことがなぜ大事なのかをさらに掘り下げて考えたいと思います。ものごとを一つ一つ論証するという態度は、何事かを正しいと説明することに関してはもっとも謙虚でかつ正確なやりかたです。そこでは、論理の架け橋が一つでも崩れると、全部が崩れてしまいます。では、ああ、そういうのは面倒くさいや、そういうことは他人にまかせておけばいい、という態度の人がではじめて、つまり論理に対して無責任な人たちが増えると、社会全体でとても危険なことが起こり始めると思われます。

たとえば、A さんが、「これこれのことが成り立ちます。よってこういう操作をしたら、こういう利益がありますよ」といっているのに、A さんの考えた論理に穴があれば、A さんの言う通りにやったら、逆に損害を被る可能性があります。あるいは、B さんが、「こういうことをするのは、安全です」と言っていたとしても、その説明をつける論理思考において穴があると、B さんの言う通りにしたがった場合、文字通り、落とし穴に落ちるようにして、大変危険な目にあうかもしれません。

「これこれのことを、この方法で行えば、できます」と宣言する以上は、それはほかの人が真似してもできなくてはいけませんが、もし言い出した人の論理に間違いがあり、それが実は他人が試しても正しいかどうか検証できない、あるいは違う結果が出てしまう、ということが起こると、社会は混乱するでしょう。また、そのようなことは、少なくとも自然科学や工学の世界では、絶対に避けたいことがらです。自然科学、工学など「理系」といわれる分野では、とくに、複雑な手続きやシステムに対しても論理を大切にして、一歩一歩あゆむようにして進んでいくことが大事だと思われます。

また、我々はやはり謙虚に、若いころから、そのような態度を身につけて、しっかりとあゆんでいくべきではないかと思うのです。そのためには、数の世界の論理の基礎を小学校から初めて中学校、高校までしっかりと学ぶことに、大いに意味があると思います。

人類はいまこの種が誕生して以来、大変な繁栄を迎えているように思われますが、その一方で、暮らしを豊かにするためにさまざまな複雑なものやシステムを作り出して動かしているがために、実は、一歩間違うと、すべてが滅んで終わってしまう可能性も、常にあるのではないかと思うのです。この具体的なそして切実な問題は、たとえば、エネルギー問題でしょう。そのほか（温暖化が本当かどうかを調べることを含めて）気候変動の問題もありますし、日本人としては、人口減少の問題も考えないといけません。このような問題には、数字がついてまわっていますから、やはり、数の世界を含む論理体系をしっかり考える必要があります。もしこのような問題に対して、「ああ、それはすごく大きな問題すぎて、自分の手に負えないから、自分は考えない、ほかの人にまかす」としていると、もしかして全体のレベルが下がって結局、無責任がたたってくるかもしれないわけです。

ちょっと怖いことを言い始めてしまいましたが、もともと、論理的思考そのものは、人間の人間たる証として、楽しめるものではないかと思うのです。論理を展開していくとき、正しい推論ならば、あなたは、論理世界のキャンバスに、何を描いても構いません。あなたはそこでは、完全に自由です。そしてそこでは、あなたの感性が生かされます。この小文のタイトルには論理と感性を紡ぐとあるのですが、そのことを指しています。そして、そのようにしてあなたが紡いだものは、あなたの財産となるばかりか、全人類とこれからの世代の人たちすべての宝物となるのです。

次節において、「どのように描くのか」の一端をお見せしたいと思います。

3．この世界に対する新しいアプローチ

3.1　自然界に数学を見つけよう

数学は自然科学全体と深く連動しています。つまり、自然のものを見ているのですが、では、素直に自然界の「形」を見てみましょう。すると、なめらかな図形ばかりではなく、「細部を拡大すると全体と似る（自己相似性といいます）」という面白い特徴を持つ、複雑な図形がたくさんあることに気づきます。たとえば、樹木、カリフラワー、雲の境界、海岸線、山肌、雪の結晶、などです。このような「細部を拡大すると全体と似る複雑図形」を**フラクタル（図形）**といいます。「フラクタル」とは「砕けた」を意味する造語です。その研究は1970年代から盛んになりました。現在、それは数学を含む自然科学全体に広がる大きな概念です（参考文献[4]）。注意しておきますが、以前の数学では、なめらかな図形のみを主に扱っていました。もちろん、いまもなめらかな図形は数学のなかでの主要な話題の一つなのですが、その一方で、自

然界においては、必ずしもなめらかとは言えない、細部を拡大すると全体と似る複雑図形がたくさんあるというのです。ちょっとそのような図形を見てみましょう。

図1は阪大構内にある植え込みです。これを拡大すると図2で、細部も全体と同じパターンが続いているのがわかります。図3は**カリフラワー**の全体図。これを拡大すると図4で、全体は、有限個のミニチュアの合併からなり、その各ミニチュアは、有限個のミニチュアミニチュアの合併からなり、……とこれが繰り返されていきます。夕食の食卓にカリフラワーが並んだら、どうか食べる前にそれを目の前に持ってきてよく観察してみてください。さて、カリフラワーに似た植物にブロッコリーがありますが、両者の近縁種の面白い野菜をご存じですか？　それは**ロマネスコ**と呼ばれている食用植物で、16世紀にイタリア・ローマで誕

図1　植え込み

図2　植え込み（図1の拡大図）

図3　カリフラワー

生したなどの説があります。そのロマネスコが図5、その拡大図が図6です。その綺麗な自己相似性には驚くばかりです。ロマネスコは毎年12月くらいになると市場（または通販）に出ます。食べて舌で触れると「入り組んだもの」を口にしている、という感覚

図4　カリフラワーの拡大図

図5　ロマネスコ

図6　ロマネスコの拡大図

がして、カリフラワーとブロッコリーの中間の味わいがします。

これらは、成長して分かれて、ということの繰り返しの果て（極限）に見えてくるものなのかもしれません。

上記のような、細部が全体と似る、全体が有限個のミニチュアの合併となる図形を数学的に作ることができます。そのような図形のなかには「**自己相似集合**」と呼ばれるものがあります。図７は**シルピンスキーガスケット**と呼ばれているもの。三角形のパターンが無限回繰り返されます。その五角形版（**Pentakun** といいます）が図８。ちなみに Pentakun は日本人による名称でフラクタルの研究者のコミュニティでは国際的に通用します。“kun”は「君」の意です。図９は雪の結晶または雪の小片のように見えませんか？　これは**雪片集合**と呼ばれていて、全体は７つのミニチュアの合併からなります。この手法により、自然界の植物、樹木、森、山肌、などをコンピュータグラフィクスでそっくりに描くことがよく行われています。

フラクタル集合の大きさと複雑さ

図７　シルピンスキーガスケット

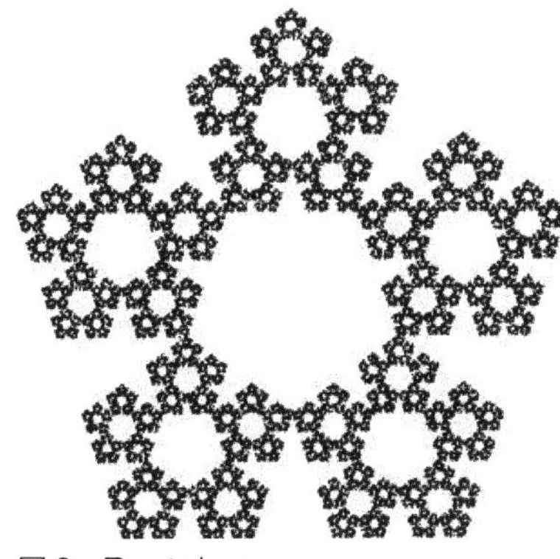

図８　Pentakun

図９　雪片集合

をはかるものに「**フラクタル次元**」と呼ばれるものがあり、それは「次元」とよばれているのに非整数になりえます。たとえば図7のシルピンスキーガスケットのフラクタル次元は約1.58になります。つまり、図7の図形は、1次元のものでも2次元のものでもない、そのほぼ中間のものだ、というのです。フラクタル次元が1と2の間にある図形については、フラクタル次元が大きいもののほうが、より複雑であると考えられてます。

ところでフラクタル次元は、自然科学、経済学など、文系理系を問わないありとあらゆる学問に登場するようになりました。複雑な対象（図形）を、フラクタル次元の尺度ではかってみたりするわけです。各国の海岸線のフラクタル次元をはかってみるというのは有名ですし、私が知人からうかがったお話では、次の2つが印象的です。

（1）昆虫のオケラの女性研究者の方が、その作る巣穴を3次元の空間にうかぶ複雑な曲線とみたてて、そのフラクタル次元を調べることによって雄雌の違いなどを調べました（参考文献[2]）。

（2）もう一つは、私の阪大数学科での教え子（女性）の方のお話なのですが、その方は、高校生のときに、スーパーサイエンスハイスクールの研究としてフラクタルについて勉強されて、いろんな漫画の図柄のフラクタル次元が起承転結の流れとともにどう変化しているかを自分で調べられました。その結果、売れている漫画についてある法則が存在することを発見されました（参考文献[3]）。

いずれも、とても立派な研究です。

3.2　どうやって数学になり他の学問に伝わるの？

フラクタル次元のお話は、微分積分学の延長にある分野に関係しています。

また、先ほど出てきました「全体が有限個のミニチュアの合併」となっている図形の数学的モデルである自己相似集合の島の個数や穴の開き方などを幾何学的に調べることも出来ます。

さて、ほかの種類のフラクタル図形を見てみましょう。2つの関数 $f_1(x)$、$f_2(x)$ を用意して、初期値 x_0 をとったあと、さいころを振ったときの出た目などで関数 $f_1(x)$, $f_2(x)$ のどちらかを選択して点を動かすことを繰り返す、というようなことを考えることがあります（ランダム力学系といいます）。このような話は、物事がある法則にしたがって時間とともに変化するときに、その未来予測をするために使われますので、ありとあらゆる自然科学、経済学などの数理モデルで扱われます。

たとえば、$f_1(x)=3x$、$f_2(x)=3x-2$ のとき、初期値 x_0 をとって、さいころを振り、偶数の目ならば関数 $f_1(x)$ で x_0 を動かす（つまり $f_1(x_0)$ を考える)、奇数の目ならば関数 $f_2(x)$ で x_0 を動かします。その結果 x_1 に対してまたさいころを投げて偶数の目ならば関数 $f_1(x)$ を、奇数の目ならば関数 $f_2(x)$ でうつして、出た結果を x_2 とします。これを繰り返したときの、n 回後の位置を x_n とします。この x_n は n を大きくしていくと $+\infty$ に飛んでいったり $-\infty$ に飛んでいったりしますが、そのうち、$+\infty$ に飛んでいく確率（正確には、x_0 から出発して、さいころを無限回ふるときの、$+\infty$ に飛んでいく割合）を $S(x_0)$ とおきます。$S(x)$ は実直線上の関数になりますが、関数 $S(x_0)$ のグラフは、図10のようになります。関数 $S(x)$ は

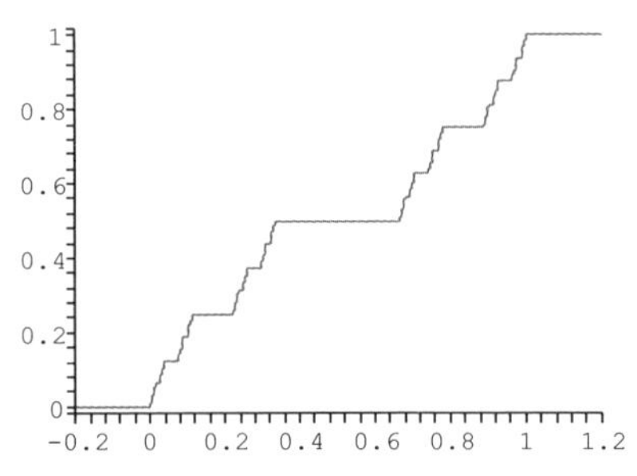

図10　悪魔の階段

（1）実直線全体で連続（つまり、グラフがつながっている）で、
（2）カントールの三進集合という細かいフラクタル集合の上だけで変化し、
（3）単調に増加します（つまり、$a \leqq b$ ならば必ず $S(a) \leqq S(b)$ となります）。

また、$S(x)$ のグラフである階段の2つの段の間には、必ず無限個の段があります。こんな階段は人間には登れず悪魔しか登れない、ということで関数 $S(x)$（を0と1の間の閉区間［0, 1］に制限したもの）は**「悪魔の階段」**と呼ばれています。

上の話で $f_1(x)=2x$、$f_2(x)=2x-1$ とし、$f_1(x)$ を選択する確率を p、$f_2(x)$ を選択する確率を $1-p$（ただし $0<p<1$）として、同じように、初期値 x_0 に対して、x_n が n を大きくするにつれて $+\infty$ に飛んでいく確率を $L_p(x_0)$ とかくと、関数 $L_p(x)$ のグラフは、図11のようになります。関数 $L_p(x)$ を0と1の間の閉区間 $[0, 1]$ に制限したもの（ただし $p \neq \frac{1}{2}$）は**ルベーグの特異関数**と呼ばれていて、

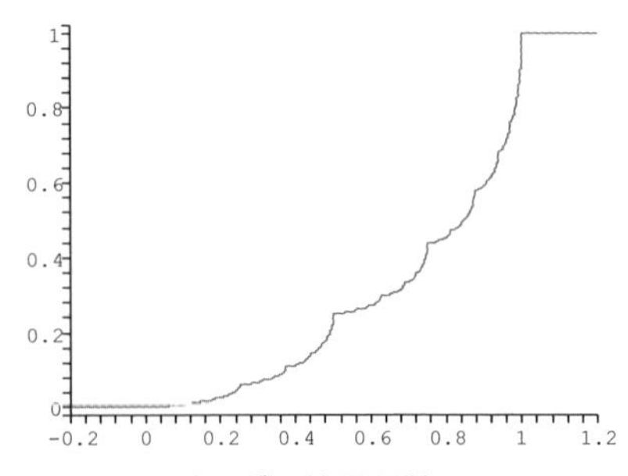

図11　ルベーグの特異関数

［0, 1］上で連続で狭義単調増加（つまり $a<b$ ならば $L_p(a)<L_p(b)$）ですが［0, 1］のほとんどすべての点において、関数 $L_p(x)$ のグラフに接する水平な直線がひけます。しかしながら、x が 0 と 1 のあいだ全体を動くときに、$L_p(x)$ が x についてなめらかに変化しているかというと、そうではありません。ところで、$L_p(x)$ は x をとめると p に関してなめらかに変化することが知られていて、$L_p(x)$ の、p に関する $p=\frac{1}{2}$ での微小変化率（きちんというと微分といいます）を x の関数とみたものの $\frac{1}{2}$ 倍を $T(x)$ とおくと、そのグラフは図 12 のようになります。関数 $T(x)$ は連続です（つまりそのグラフはつながっています）が x が 0 と 1 の間のところで、そのグラフはまったくもってなめらかではありません（きちんというと、0 と 1 のあいだのいたるところで関数 $T(x)$ の微分が存在しません）。関数 $T(x)$（を［0, 1］に制限したもの）は**高木関数**と呼ばれています。悪魔の階段、ルベーグの特異関数、高木関数のグラフは、いずれも自己相似性を持つフラクタル図形です。高木関数のグラフは雲の断面の輪郭に似て見えるところが面白く感じられます。

さて今度は、同じようなことを複素数平面上でもやってみます。ところで複素数の世界というのは高校で習いますが、実数を含む数の世界で、2 乗して -1 になる数 i（虚数単位といいます）という不思議な数を含み、その世界で加減乗除を考えることができるものです。複素数は必ず $x+iy$（ただし x, y はある実数）の形で書けます。この複素数の世界というの

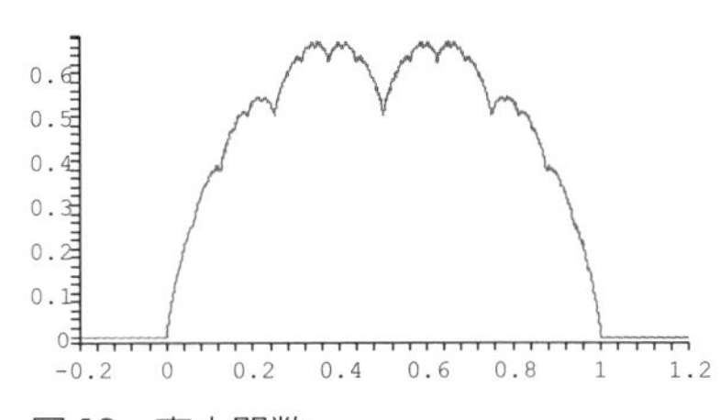

図 12　高木関数

は別に抽象的な世界を考えているというものではなく、xy 平面と同一視することができる（きちんというと、$x+iy$ とかける複素数を、平面上の点（x, y）と同じとみなします）ので目に見えるといってもいいものです。複素数の世界を上のように平面と思ったものを「複素数平面」（または「複素平面」）といいます。複素数の世界は、実数上で作られた数理モデルを深く解析するのに役に立ちます。実際、さきの段落の話で出てくる関数 $f_1(x)$、$f_2(x)$ が多項式のときは、複素数の世界まで話を拡げた方が解析しやすくなります。

そこで、話をもどして、以下のような設定を考えます。まず、$f_1(z)$、$f_2(z)$ をそれぞれある多項式関数とします。複素数初期値 z_0 をとり、さいころを振って偶数の目が出たら f_1 で z_0 を動かす、奇数の目ならば f_2 で z_0 を動かします。その結果 z_1 に対してまたさいころを投げて……とやって、n 回後の位置 z_n が、n を大きくするにつれて原点からの距離が無限に飛んでいく確率を $D(z_0)$ とおくと、複素数平面上の関数 $D(z)$ のグラフは、ある条件下で図 13 のようになります。関数 $D(z)$ は、複素数平面全体で連続ですが、図 14 のようなある細いフラクタル集合の上だけで変化し、かつ、ある種の単調性を持ちます。図 13 をひっくり返したものが図 15

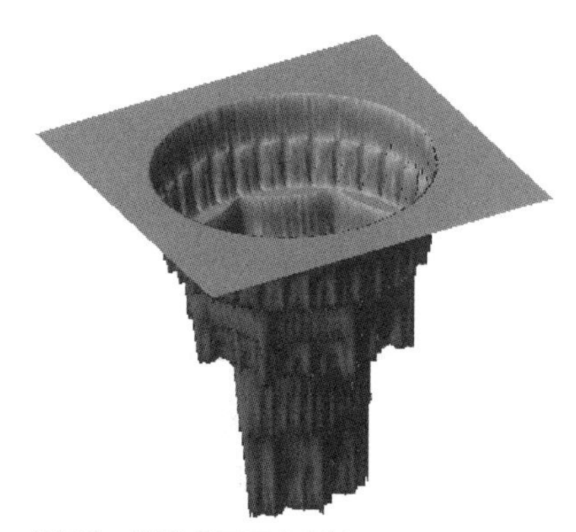

図 13　悪魔のコロシアム

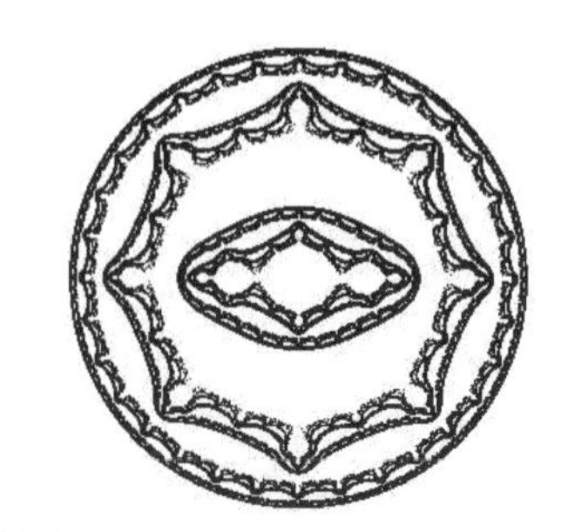

図 14

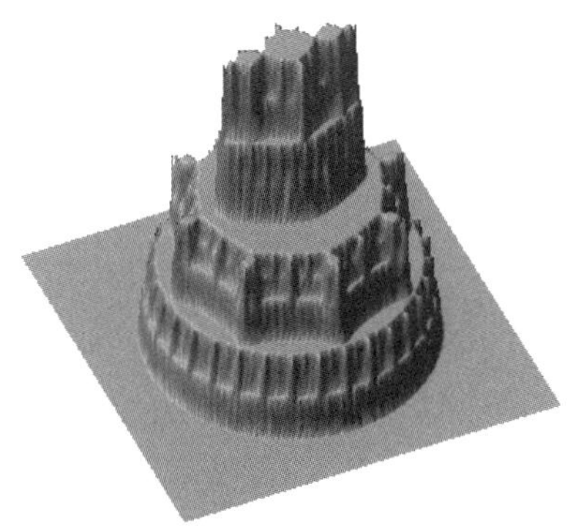

図 15　フラクタルウエディングケーキ

図 16　高木関数の複素平面上版

です。このような場合の関数 $D(z)$ は**「悪魔のコロシアム」**と呼ばれます。それをひっくり返した図 15 の関数は**「フラクタルウエディングケーキ」**と呼ばれます。高木関数の複素数平面上版も考えることができて、図 16 はそのグラフです。（注：図 13～15 は参考文献[5] にあるものと類似のもの、図 16 は参考文献[6] にあるものと類似のもので、いずれも本章の著者によるもの）これらのような、平面全体で連続だけれども細いフラクタル集合の上だけで変化する複雑な関数たちが、非常に豊富にあります。上のランダムな多項式漸化式の理論は、生物の個体数の増減などのありとあらゆる自然現象の記述に役立つ可能性があります。また、それ自体が純粋数学として面白く、（複素数上の）微分積分学、確率論、幾何学などに関係しています。

1970 年代以前、つまりフラクタル図形が数学として取り上げられる以前、なめらかな図形ばかりが数学の幾何学の主役だったころは、そのなめらかな図形がどのようになめらかか、ということを調べていました。そしてなめらかではないフラクタル図形が研究対象として扱われはじめると、今度は、視点を変えて、それがどのようになめらかでないか、「連続であること（つながっていること）」と「なめらかであること」の間を調べるようになってきています。そのフラクタル図形が「いかになめらかでないか」ということを調べると、そのフラクタル図形をうみだすシステムの特徴や、複雑さがわかってくるのです。

このような、発想の転換がいつの時代にも要求されています。

フラクタル図形が数学を含む自然科学全体の大きな概念に成長したことに関して感じられることは、新しい感受性と感性がいつ・どこでも大事だということです。皆さんもどうぞご自身の感性を大切になさってください。そして、キャンバスに自由に描いた論理と感性をしっかりと紡ぎあげていくことによって、新しい「何か」を見つけてみられてはいかがでしょうか。それはどんな小さなことでも、見つけた人の財産となり、そして、全人類ならびにこれからのすべての世代の人たちの大切な宝物になるかもしれないのです。

参考文献

[1] 遠山啓著『算数の探検』全10巻、日本図書センター（2011年）。（注：このシリーズは1973年にほるぷ出版から出版された同名のシリーズの、復刊です）

[2] Habitat use in the underground: life cycle, structures and functions of burrow of the mole cricket *Gryllotalpa orientalis* Orthoptera: Gryllotalpidae.（「ケラの地中空間利用としての生活史および巣穴構造と機能」遠藤千尋、京都大学大学院理学研究科　学位論文、2008年）。

[3]「マンガからわかるフラクタル次元」池田高校（鹿児島県）スーパーサイエンスハイスクール　発表会（2012年）。
[4] 山口昌哉、畑政義、木上淳著『フラクタルの数理』岩波講座応用数学　岩波書店（1993年）。
[5] H. Sumi, *Random complex dynamics and semigroups of holomorphic maps* Proc. London. Math. Soc. (2011), **102** (1), 50–112.
[6] H. Sumi, *Cooperation principle, stability and bifurcation in random complex dynamics*, Advances in Mathematics (2013) **245**, 137–181.

パート Ⅲ

どうやって数学と向き合うの？

数学の嫌いな文系学生が数理科学の論文を書くようになったのはなぜか？

安冨歩

1．はじめに

私は小学生の頃から、算数が嫌いでした。なぜ嫌いだったかというと、必ず途中で間違えるからです。どうしても、どんなに頑張って勉強しても、計算練習しても、ソロバンを習っても、何パーセントかの確率で間違えるのです。鶴亀算なんか、必ず間違えました。それですっかり嫌になっていまったのです。

高校に入ると事態はさらに悪化しました。習っていることが、何がなんだかわからなくなったのです。特に苦手だったのは「関数」とか「軌跡」とか「微分積分」という分野で、何のことか、サッパリわかりませんでした。進学校にいたので、私の周囲にはこういう分野の問題を平気で解いてしまう連中がたくさんいましたが、一体全体、彼らが何を考えてそういうことができるのか、私には理解できませんでした。

ところが高校３年生の冬に、大変化が起きました。

それは『大学への数学』（東京出版）という雑誌の『解放の探求 I』という別冊を読んだからでした。この本は私の頭に革命的変化を引き起こしました。この本を2～3週間かけてむさぼり読んだら急に、これまでまったく手も足も出なかった大学入試問題が何を聞いているのかわかるようになり、かなりの頻度で解けるようになったのです。

残念ながらそれは入試の直前で、急激に数学の成績を上昇させたものの間に合わず、私は浪人してしまいました。しかしその後の一年間で数学はむしろ得意分野になって、無事に翌年、京都大学の経済学部に合格しました。

それからしばらくは数学をまったく見ないで過ごしていたのですが、3年生から4年生のときに置塩（おきしお）信雄と森嶋通夫という偉大な数理経済学者の本を夢中で読んで、数学を触るようになりました。卒業後、しばらく銀行で勤務してから大学院に戻り、20代の後半の助手の頃に、「複雑系科学」という分野を研究するようになりました。

私はとうとう、数式のいっぱい入った数理科学の論文を英語で書いて、物理学や数理生物学の雑誌に投稿したり、数学者や数理科学者の集会に呼ばれて講演したり、というようなことさえするようになりました。算数が嫌いで鶴亀算がよくわからなかった頃から比べると、かなりの変化です。

数学を好きになって、私にはたくさんの良いことがありましたから、私は数学を勉強しないのは損だ、と確信しています。ここでは、私と数学との出会いを簡単に振り返って、どういう良いことがあったのかを書いてみようと思います。

2．なにがわからなかったのか

小学校から中学校にかけて、わたしは常に算数・数学が苦手で嫌いでした。何が嫌いだったのか、といま考えてみると、ひとつはすでに述べたように、計算を間違えることでした。なぜ計算を間違えるのか、と思うと、最大の原因は、私が粗忽者だからです。

しかし、それだけではなく、計算の見通しが立たなかったからではないかと思います。自分がやっている計算が、何を意味していて、その結果がどうなるのか、その方向が見えていると、計算を間違えたときに、「間違えたかも？」と感じるのですが、どうもそういう感覚が、全然作動していなかったように思います。

つまり、当時の私には、自分の習っていることが、いったい何のためであり、それが何を意味しているのか、まったく見当がつかなかったのです。それゆえ、計算問題などが、無味乾燥に感じられて、見通しが立たず、それでよく間違えたのだと思うのです。

今考えると、これはかなり本質的な問題を含んでいると思います。ひとつは、教育の問題です。学校教育における教え方が、なんでそんなものを習うのか、というところの説明を欠落させていることが、問題だと私は考えています。そうなると理不尽な拷問を受けているような気分になってしまいます。私は、数学の歴史についての本を読んではじめて、自分が習っていることが 17 ～ 19 世紀の先人の苦闘のエッセンスであることを知って、精神的にかなり楽になったのを覚えています。

もうひとつは、数学というものが、普通の人間からすると、過剰なまでに厳密であるように感じられる、という問題があります。数学の命題は、一度証明されたら、永久に証明されたままであり、その命題は如何なる場合でも正しい、という優れた性質があります。たとえば、三角形の内角の和は 180 度であり、それが覆ることは決してありません。世界中どこででも、どんな人間にとっても、三角形の内角の和が 180 度であることは変わりません。数学は、きわめて普遍的に妥当する学問であることが、その存在意義の中核です。

しかし、この厳密性と普遍性とを獲得するために数学は、大きな犠牲を払っています。それは「時間」というものを排除している、ということです。たとえば「直線」という概念を考えてみましょう。数学の世界では「ある一点を通る直線を引く」と言うと、その瞬間に無限の長さの（幅を持たない）直線が出現します。しかし「引く」という動作には本来、時間が掛かるのです。ですから無限の長さの直線を引こうと思ったら、無限の時間が掛かります。そういうことを考えていたのでは、数学をやってられないので、「引く、と言ったって、時間は一切、かからない」というように想定します。このために数学は本質的に「無時間的」だ、という性質を帯びています。

しかし、私のような凡人は、ものごとが時間に沿って発展して動く、という形で捉えます。「ある一点を通る直線を引く」と言われたら、まず「ある一点」を想像し、それからおもむろにずずずいっと線を引きます。そういう風に考えないと、イメージが湧きません。ところが、数学的には、それは「ダサい」のです。そういう数学そのものの特徴が、私のような凡人にとって、敷居を高くしている、と思うのです。

高校生になると、事態は悲惨の度を深めました。中学校まではなんとか誤魔化してそこそこの得点をとり、進学校にまんまと合格しました。しかし、進学校などに行ってしまったため、受験向けの授業についていけず、なにがなんだか、まったくわからなくなり、完全に落ちこぼれました。100点満点のテストで、20点とか取るようになったのです。

たとえば、関数で平面や空間の図形を表現する、という問題があります。これは、ルネ・デカルトによる幾何学と代数との接合という数学史の大事件に直結する重要問題です。私は高校生のときに読んだデカルト関係の本に、代数で幾何学を表現することで、如何なる問題でも解けるようになるのだ、というような主張を見出して、「むしろ、私には逆にわかりにくくなって、困るんだけど。余計な発見をしてくれたものだ……」と嘆息したものでした。

どういうわけかわかりませんが、たとえば私には、

$$ax+by+c=0 \tag{1}$$

という方程式が「平面」における「直線」を示している、ということが頭に入らなかったのです。この式を満たす点の集合が直線なのだ、とか言われてもまったく意味が掴めませんでした。さらに問題を複雑にしたのは、「空間」になると「直線」が、

$$\frac{x-a}{l}=\frac{y-b}{m}=\frac{z-c}{n} \tag{2}$$

という形の式で表現される、という事実です。同じ「直

線」だというのに、どこも似ているようには見えません。そして式（1）に似ているように見える、

$$ax+by+cz+d=0 \tag{3}$$

という方程式は、「空間」における「平面」だと言うのでした。この「平面」とあの「直線」との関係は一体、どうなっているのか、というあらたな混乱に私は陥りました。

また「三角関数」も大いなる恐怖でした。なによりも「三角関数」という以上は「三角形」と関係あるだろうと思うのですが、それがたとえば sin が θ の関数になっていて、グラフがサインカーブというクネクネした線になっているのが、頭に入って来ませんでした。三角形とちがって、どこにも角がないのですから。そしてなによりも、

$$\sin^2\theta+\cos^2\theta=1 \tag{4}$$

という式が、三角形と一体、どういう関係になっているのか、想像がつかなかったのです。

さらに具合がわるいのが複素数でした。$x^2=-1$ という式を無理やり解くために、

$$i=\sqrt{-1} \tag{5}$$

という概念を導入してしまう、というのは、有理数を拡張して無理数を導入するのと同じような手口だな、ということは理解できました。問題は、

$$z=\cos\theta+i\sin\theta \tag{6}$$

などと三角関数と合流して、これが「円」だ、とかいうのがまったくわかりませんでした。なぜ「数」が「円」だったりするのか……。

そしてまた、ベクトルと行列と一次変換とが、それぞ

れまったく関係のないもののように私には見えていました。「数字が１つ」が「数」で、「二つあるいは三つの数字の組み合わせ」が「ベクトル」、それを縦横に組み合わせたものが「行列」、ということは認識できましたが、そんなものを考えて、一体、何がうれしいのかが、理解できなかったのです。ベクトルも行列も、結局は中身をほじくりだして、一つずつ計算して、また、元に戻す、というようなことになるので、確実に計算間違いを犯すのです。

今から思うと、当時の私には、数学のすべてがバラバラのテクニックの単なる寄せ集めのように見えていたのです。それゆえ、一つや二つは理解できても、何百もあるテクニックのすべてを理解することは到底不可能であり、しかもそれを駆使して変な問題を解く、ということは、想像がつきませんでした。冗談抜きで、高校二年生の後半には、授業でみんなが解いている問題が何を意味しているのか、完全にわからなくなっていました。

3．なぜ数学が「わかる」ようになったのか

このような危機的状態であった私は、高校３年生の冬に、突然、問題が解けるようになりました。それは１ヶ月に満たない短い期間の出来事でした。

本章冒頭でとりあげた『大学への数学』という雑誌があります。高校向けの数学としては、かなりレベルの高い内容のものです。数学嫌いの私は、そんな難しい雑誌を聞いたことすらありませんでした。とはいえ、私はあまりにも数学ができなくなっていて、さすがになんとか

しなければならない、と焦っていました。それでいくつかの「チャート」とか「鉄則」とかいった類の参考書を勉強してみたのですが、効果は限られていました。有効な手立てが見つからないまま、高校3年生の正月を迎えて絶望していたところ、受験のプロみたいな同級生が、私に合っているのではないか、といって、この雑誌の別冊である『解法の探求 I』という参考書のようなものをすすめてくれたのです。

切羽詰まっていた私は、藁にもすがる思いで、その本を手に入れてさっそく読み始めました。そして1ヶ月ほど掛けて、生まれて初めて、参考書を最後まで読むことができたのです。それによって私は、急に、数学の問題が解けるようになりました。なぜそんな劇的な変化が起きたのかと考えてみますと、習っていることの「意味」をはじめて理解したからではないかと思います。

特に私にとって衝撃的であったのは、「ベクトル」と「行列」と「一次変換」とを組み合わせると、「関数とグラフ」や「図形」の問題が簡単に解ける、ということでした。それまでの私は「関数」が特に苦手で、この概念がなんのことだかサッパリ理解できず、そのため如何なる問題にも手も足も出なかったのです。ところが、ベクトルと一次変換とを組み合わせて問題を組み替えると、突然、意味がはっきりと見えるようになりました。

私の頭の中で起きた変化は「すべてがつながる」という現象でした。

まず、「平面ベクトル」で原点を通る直線は、$\vec{x} = (x, y)$, $\vec{l} = (l, m)$ として、

$$\vec{x} = t\vec{l} \tag{7}$$

と表現されます。おおざっぱに言えば、原点をスタート地点として、ベクトル$\vec{l}$の方向にtだけ「私」が移動するとイメージすれば、それが直線でした。そして嬉しいことに、これは「空間ベクトル」になっても、$\vec{x}=(x,y,z)$, $\vec{l}=(l,m,n)$ として、

$$\vec{x}=t\vec{l} \tag{8}$$

という同じ式が「直線」を意味しました。一般には、点Aを考えて、原点をOとして、ベクトル $\overrightarrow{\mathrm{OA}}$ を $\vec{a}$ と表記すれば、

$$\vec{x}=\vec{a}+t\vec{l} \tag{9}$$

で平面でも空間でも直線が表現されます。同じように、一点をスタート地点として、そこから矢印の示す方向に「私」が移動すれば、それで良かったのです。

空間のなかでの平面を表現するには、二つの互いに一次独立なベクトル $\vec{l}$ と $\vec{p}$ とを考えれば、

$$\vec{x}=\vec{a}+t\vec{l}+s\vec{p} \tag{10}$$

と表現すれば良いのです。これは直線の式の自然な拡張として理解できます。つまり、「私」が $\vec{l}$ の方向と $\vec{p}$ の方向とにそれぞれが、t と s とだけ移動すれば、それで平面上の任意の点に行けるのです。

そしてさらに、ベクトルの内積から三角関数が出てきます。$\vec{a}=(a_1,\ a_2,\ a_3)$ と $\vec{b}=(b_1,\ b_2,\ b_3)$ を考えましょう。二つのベクトルの内積は $\vec{a}\cdot\vec{b}=a_1b_1+a_2b_2+a_3b_3$ という、私でもそうそうは間違えないような簡単な掛け算と足し算とで求まりますが、両者のなす角をθとすれば、

$$\cos\theta=\frac{\vec{a}\cdot\vec{b}}{|\vec{a}||\vec{b}|} \tag{11}$$

と表現されてしまいます。つまり、三角関数は、ベクトルの親戚だと思えばそれで解決するのでした。

この場合、単位円上のある点は、

$$(\cos\theta,\ \sin\theta) \tag{12}$$

と表示されます。これを私は次のように理解しました。点 $(1,\ 0)$ を出発点として、「私」が角度 θ だけ移動すると、私のいる場所は $(\cos\theta,\ \sin\theta)$ であり、その足跡が円になる、というわけです。そうであれば「私」は半径が1の円の上にいるのですから、原点からの距離は常に1です。点の座標が $(x,\ y)$ であれば、原点からの距離は、$\sqrt{x^2+y^2}$ ですから、$(x,\ y)=(\cos\theta,\ \sin\theta)$ であれば、$\sqrt{\sin^2\theta+\cos^2\theta}=1$ を意味します。式（4）は、当たり前の話だったのです。こういうことに気づいて私は、

「三角関数は、三角形ではなくて、円を表現するのか。だったら、「円関数」と名前をつけてくれればよかったのに」

と切実に思いました。

しかも複素数は、二次元ベクトル（$a,\ b$）と表現する代わりに、$a+ib$ と「書いている」に過ぎないのだ、と理解すればそれでおしまいでした。そう考えれば、三角関数と関係するのも「内積」経由で理解できました。

かくして私の頭のなかで、バラバラに見えていた方程式・関数・グラフ・三角関数・平面図形・虚数といったものが、一挙に一つに収斂しました。そして、これらのすべての問題を私は、二次元あるいは三次元上の「私」の運動として理解して、再構成できるようになったのです。こうして再構成した問題に、『解法の探求 I』で提供

されているいくつかの受験生向けテクニックを適用すれば、あら不思議、大抵の問題は解けるようになったのです。

あるいは逆に、ベクトルの問題を、三角関数や平面図形や虚数の問題に変換してから解いたほうが楽な問題もありました。いずれにせよ、すべての問題を、どうやったら楽な形式に置き換えられるかを考えて、それから解く、というようになったのです。問題によっては、形式を変換するだけで、一瞬で解けてしまうものすらありました。

それまで私は何らかの「一般的方法」を覚え、それを身につけて問題を自動的に解くのが「正しい」のだ、と思い込んでいました。しかし、『解法の探求 I』を読んでからは、知識を総動員してその問題の特殊な性質を利用し、「抜け穴」を探して「うまく」あるいは「楽して」解く方法はないか、と考えるようになりました。いわゆる「解法」というのは、そういう抜け穴探しのための道具なので、できるだけ増やしておいたほうが良い、というように、自分自身の感覚を中心に捉えるようになったのです。

『解法の探求 I』には、一次変換を用いて、対称移動したり、回転させたり、さらには固有値や固有ベクトルを使ったちょっと高度な行列の「裏ワザ」が書いてありました。場合によるとそれは、高校の水準を越えたものもあったのだと思うのですが、そのほんのわずかの少しだけ高度な知識を利用すれば、高校の知識では計算が厄介なはずの大学入試問題が、アッサリ解けるケースが多々あったのです。計算間違いを得意とする私には、これは

大変に重要な事でした。その一例は「ケーリー・ハミルトンの定理」です。すなわち、

$$A=\begin{pmatrix} a & b \\ c & d \end{pmatrix}$$

としたときに、E を単位行列、O をゼロ行列として、

$$A^2-(a+d)A+(ad-bc)E=O \tag{13}$$

が成り立つ、というものです。これは、2×2 行列であれば、ちょっと計算をすればすぐに示せるもので、「定理」だの何だの言う必要のないようなことです。しかし、これを使えば、A^2 を A で表現できるので、繰り返し適用すれば A の何乗でも A に落とすことができます。つまり行列に次数はない、ということなのです。そのことさえ知っていれば、見通しが急に良くなるケースがありました。

極端な例題を考えれば、

$$A=\begin{pmatrix} 1 & 2 \\ 3 & 6 \end{pmatrix}$$

として、A^8 を求めよ、と問われたとしましょう。成分計算をやるのはとても面倒です。私がやれば、必ず、途中で間違えます。しかし、$A^2=(a+d)A-(ad-bc)E$ を知っていれば、$A^2=(1+6)A-(6-6)E=7A$ です。あとは $A^2=7A$ を繰り返し代入すれば簡単に答えが求められます[1]。

それよりも私にとって重要であったことは、ベクトルの空間における数学的操作を、「私」を視点とした「運

1　$A^8=((A^2)^2)^2$ ですから、$((7A)^2)^2=(7^2A^2)^2=(7^2\cdot7A)^2=(7^3A)^2=7^6A^2=7^6(7A)=7^7A$ となります。あってますかね？　計算が苦手なので……

動」として認識したことでした。これによって私は数学を、内部から観察する視点で捉えるようになったのです。これはもしかすると、数学者である『解法の探求 I』の著者の意図とは異なっているのかもしれないのですが、私にとってベクトルを主軸とした認識は、有時間的な「私」の運動として数学を捉える契機になったのです。そうして初めて数学を身体感覚でイメージすることができるようになりました。

それまでは数学というのは、「止まっている」ものだと思っていました。たとえば「円」ですが、「中心から等距離の点の集合」と言われても、私にはピンと来ないのです。ピンと来ないから数学が嫌いでした。しかし上に述べたようなθにしたがった運動、として理解すると、イメージできるのです。

あるいはまた「図形をできるだけ少ない変数で記述したい」というような要望を考えると、「出発点を決めれば一つのベクトルと変数tだけで直線を記述できる」とか、「三角関数を用いて円の上の任意の点を一変数θのみで記述できる」とか、「複素数を使えば二つの数の組ではなく、一つの数で記述できる」とかいった形で、納得できるのです。こういう納得の仕方を、学校で習った覚えがありませんでした[2]。

2　もっともそれは先生のせいではないかもしれません。というのも高校生の私は、剣道部で毎日、身体を動かして疲れていた上に、夜中に本を読んだりラジオを聴いて遊んでいたために寝不足で、やむを得ず授業時間を利用して睡眠をとっていたからです。あまりにもいつも寝てばかりなので「フクロウ」というアダ名を友人に付けられたくらいでした。そういうわけで、授業で何が教えられていたのか、そもそも知らないのです。大学に入ったら、授業に

このように、「見方を変えて問題を解く」というように見方を変えたことで、私は、数学を「わかる」ようになったのです。

4. 数理科学を研究するようになってから

さて、高校3年生の冬に数学を急に好きになったのは良かったのですが、それは共通一次試験の直前であり、2次試験まで2ヶ月もありませんでした。奮闘及ばず私は不合格となり、一年浪人して京都大学の経済学部に合格しました。「大学に入ったら、数学を真剣に勉強するぞ」と入学する前は思っていたのですが、数学はおろか、勉強そのものをほとんどしませんでした。

唯一、新田博衛先生という美学の先生の授業「芸術学Ⅰ」だけ、真剣に受けて哲学書を読んだりしていました。そういえば、そのときに特に気に入ったのがフッサール（1859 ~ 1938年）という哲学者でしたが、この人はもともと数学者で、幾何学や自然数の起源を考えていて哲学をやるようになった、という人でした。これも数学アレルギーが治まったことと関係あるかもしれません。

3年生になって経済学部の本山美彦先生の指導する世界経済論のゼミに入りました。そのゼミではしかし、どんな勉強をしても構わなかったので（まったく勉強しなくても構わなかったのですが）、私はマルクス経済学を数理的に扱う本に興味を抱きました。それは、柴田敬（1902 ~ 1986年）、森嶋通夫（1923 ~ 2004年）、置塩信雄（1927

そもそも出なくなって、昼間に布団の中で寝るようになりました。

〜2003年）という、京都大学経済学部の産んだ三人の数理経済学者が活躍し、確立した分野でした。

彼らの数学の使い方には、それが帯びている経済的意味を常に明確にする、という大きな特徴がありました。一つ一つの数式が経済的に合理的な意味を帯びているのは当然ですが、その式の変形や展開のそれぞれのステップも、ちゃんと意味があったのです。私は、意味をイメージできないことは、理解できない人間なので、これは非常に重要な事でした。これに比べると私は、普通の数理経済学の数学の使い方は、どうも抽象的で意味がつかめなかったので、理解することができませんでした。

この分野の最大の成果は、「マルクスの基本定理」と呼ばれるものです。これは1960年前後に置塩が発見し、森嶋が遅れて独立に発見して適用範囲を拡張し、世界的に有名にしました。この定理が示すことは「如何（いか）なる経済モデルを考えたとしても、価格ベースで考えて利潤が出ているなら、価値ベースで考えると、必ず搾取が起きている」ということです。「搾取なければ利潤なし」と表現されています。

人間の社会は、人間が働くことで維持されている、というのは納得されるかと思います。誰も働かない社会があるとすると、そんな社会は維持できなくなるはずです。そうだとすると、元気なくせにまったく働かないか、ほんの少ししか働かないで、しかも贅沢三昧している人がいる一方で、汗水たらして働いているのに、食うや食わずで貧乏している人がいる、とすると、それは「ずるい」ばかりではなく、社会全体の維持という観点からしてもよろしくない、ということになります。

カール・マルクス（1818 ~ 1883 年）という偉大な学者は、こういう考えを発展させて、厳密な議論を展開しました。その基礎になるのが、「投下労働価値説」と呼ばれるものです。これは、モノの「値打ち（＝価値）」というものは、そのモノを作るのに必要な労働時間で定義される、という考え方です。一方、世の中は「価格」で動いています。価格で取引されている世の中では、利潤が出なければ、誰も事業をやろうとしません。というより、そんな事業は継続できません。

「マルクスの基本定理」というのは、「価格」という観点で見て利潤が出ている、という状態を、「価値」という観点から見たら、働いている人がその成果を働かない人に奪われることになっている、ということを意味します。「価格」の観点からすれば何ら不正が行われていないように見えるけれど、それを「価値」の観点から見たら、よろしくないことが起きている、というのです。これが「搾取」です。置塩・森嶋の「マルクスの基本定理」は、これを数学的に証明したものです。

彼らの証明は実に簡潔かつ明瞭で、私は大変な感銘を受けました。経済のような現象について、数学で議論して意味のあることを言える、ということにそもそも大変驚いたのです。それで、多次元のベクトルや行列を用いた線形代数を勉強することになりました。高校生のときに私が数学を理解する手がかりになったベクトルが、ここでも登場したのです。私は大変、不思議な気がしました。

大学を卒業してから私は 2 年半にわたって、銀行に勤務しました。この 2 年半は私に強烈な印象を与えました。

それは、ちょうど、日本が猛烈な円高に見舞われて、そこから愚かな経済政策と企業経営とによってバブルを引き起こしていく時期だったからです。私の働いていた銀行は日本でも1、2を争う巨大銀行でしたが、その組織は完全に硬直化しており、人間的自由がほとんど感じられない空間でした。そこに、巨額の資金が流れ込み、さらに経営者の愚劣な経営方針によって、私たちは闇雲に不動産融資を展開していったのです。そして日本社会を深く傷つけるバブルが起きたのでした。

私はバブルが本格化する直前に銀行を退職し、大学に戻って研究を開始しました。そのときのテーマは、どうして賢いはずの人間がどんどん愚かになって組織的に暴走し始めるのか、ということでした。そのために私は、まず日本がアジア太平洋戦争へとのめり込んで行く過程を歴史的に研究しました。同時に、多数の要素が相互作用して暴走していく過程を描くための数学を勉強しようとしました。

やがて私は、非平衡統計力学と非線形科学という相互に密接に関係する分野が、そういう問題を取り扱っていることを知りました。プリゴジン（1917 ~ 2003年）という化学者の本がその出会いの橋渡しをしてくれました[3]。これは本当に衝撃的な出会いであり、私は、ついに、本気で数学の勉強を始めたのです。すでに20代の後半であり、京都大学の人文科学研究所の助手をしている頃でした。

このときにようやく私は、微分方程式というものを学

3　I. プリゴジン & I. スタンジェール『混沌からの秩序』伏見康治、伏見譲、松枝秀明訳、みすず書房（1987年）。

びました。そしてそれが、文字通り、運動を記述するための数学であり、近代科学はニュートンによる微分方程式の提案と共に始まったことを理解したのです。そして私は非線形の力学系という分野の勉強を始めました。始めてすぐに、それがまったく「手で解けない」世界であることを知りました。

高校の数学では「非線形」という言葉すら出てきません。それどころか、大学で数学を勉強しても、なかなか出てこないのです。これは大問題だと私は思っています。

「非線形」というのは「原因が２倍になっても、結果が２倍にならない」ような関係性のことです。実は、私たちの生きるこの世界では、原因が２倍になると、結果が２倍になるような「線形」の関係性は、稀(まれ)なのです。大半のことは「非線形」です。

たとえば数学の勉強がそうです。皆さんが勉強時間を２倍にすれば、数学が２倍できるようになるでしょうか。いえ、決して、そういうことにはなりません。それゆえ、数学の勉強は、非線形現象なのです。そして、そういう現象は、数学的に厳密に解くことは、そもそも不可能なのです。

ところが、高校でも大学でも、習うのはほとんどが「線形」だけです。そんな馬鹿なことがあっていいのでしょうか。たとえば先の東日本大震災で、福島第一原子力発電所の原子炉が次々に爆発しましたが、あれには非線形がかかわっています。人間の「制御」は「線形」にしかできないのですが、現象の方は「非線形」で攻めてきます。どんなに頑張っても、非線形なものを線形的に抑えこむことはできません。ですから、原子力の専門家が安全対策をどれほど一生懸命にやったとしても、どこかに穴ができて突破されてしまうわけです。こんなものを「安全だ」と言うのは、そもそもおかしい、ということは、非線形現象についての知識があれば、すぐに理解できることなのです。

世の中が非線形でできているというのに、習うのは線形ばかりだ、という事実は、私にとって、とても驚くべきことでした。そして非線形な数式は、手で解くことができませんから、この分野の研究は、基本的にコンピュータでシミュレーションするしかないのです。そこで私は、コンピュータ・プログラミングを勉強して、モデルを作ってシミュレーションする、というタイプの研究に着手しました。そしてまたまた、ここは、ベクトルと行列とが、もっとも基本的なツールとなる世界だったのです。

私がやった最初の数理的研究は、コンピュータのなかに「経済」を創りだして、そのなかの「人々」に交換をさせる、というモデルでした。そして貨幣が自律的に生成するモデルを創り出すことに成功しました。そればかりか、私自身が驚いたことなのですが、貨幣が自律的に生成するモデルを作ると、その貨幣は自律的に崩壊してしまうのです。貨幣というコミュニケーションのパターンを生み出すような行動は、一旦、貨幣が成立すると、それを崩壊させるような性質を帯びていたのです。この研究についての論文は、*Physica* とか *Chaos* とかいった、物理や非線形科学の雑誌に掲載されました[4]。

---

4 Yasutomi, Ayumu, “The emergence and collapse of money”, *Physica D* 82 (1995): 180-194. Yasutomi, Ayumu, “Itinerancy of

それから取り組んだのが、多様な生態系や市場が形成されるモデルでした。普通の数理モデルというものは、「次元」が一定です。たとえば平面ベクトルは2次元、空間ベクトルは3次元で、それをもっと拡張するとn次元となるのですが、n次元はn次元であって、次元そのものが変数になる、というモデルはありません。

私が研究したのは、ポピュレーション・ダイナミックスというものです。これは、「ねずみ算」とか「幾何級数」という名前で習うものです。微生物が1匹いて、1時間に一度分裂するとすると、1日後には何匹になっているか、という類のものです。この場合に生き物は1種類ですから方程式は1本です。2種類の生き物が相互に関係しているような場合には、2本の方程式になります。N種類の生き物がいれば、N本の方程式が必要です。

私はこのモデルをさらに改変して、方程式の本数そのものが、方程式の運動によって増えたり減ったりする、というモデルを考えました。何をモデル化していたのかというと、生態系の生物種の絶滅や、あるいは進化といった問題です。また、経済で言うなら、企業の倒産や新規参入あるいは新製品の開発といった事態に対応しています。次元そのものが変化するシステムを数学的に扱うことは、非常に難しいのですが、コンピュータでやるなら、ごく自然なことなのです。しかしどういうわけか、数理科学者は、こういう問題設定を限定的にしかやっていませんでした。この研究は、*Physical Review* や、*Theoretical Population Biology* といった、物理や数理生

---

money", *Chaos: an interdisciplinary journal of nonlinear science*, **13**, no. 3 (2003): 1148-1164.

態学の雑誌に掲載されました[5]。

こういった分野では、コンピュータが計算してくれますから、人間は計算しなくて良いのです。つまり、私がたどり着いた非線形科学の分野は、有時間的運動をイメージすることが何よりも大切であって、しかも、計算間違いをする人間がやっても、全然問題ない、というところでした。もちろん、コンピュータを動かすにはプログラミングをせねばならず、ここで間違いが頻発します。ところが私はどういうわけか、この間違いはあまりやらないタイプでした。手計算で間違いをしないことと、プログラミングで間違いをしないこととは、かなり違うことのようなのです。私のような人間は、おそらく、数十年前でしたら、決して数理科学の研究に参入することはできなかったと思います。しかし、たまたま、コンピュータが重要な役割を果たす時代に生まれ育ったため、数理科学の研究に着手できたのです。

これは、重要な事を意味している、と私は考えています。現代における数学的能力は、伝統的な数学のために必要とされる資質には限定されない、ということです。

伝統的な数学は、

（1）無時間的であり、

（2）連続的であり、[6]

5　TOKITA, kei and Ayumu YASUTOMI, “Mass Extinction in a Dynamical System of Evolution with Variable Dimension”, *Physical Review E*, no. 60 (1999): 842-847. TOKITA, Kei and Ayumu YASUTOMI, “Emergence of a complex and stable network in a model ecosystem with extinction and mutation.” *Theoretical Population Biology*, no. 63 (2003): 131-146.

6　もちろん、整数論とか素数論とかは、非連続ですが、これはほと

（3）厳密性が何よりも大切であり、
（4）計算間違いが許されない、
という世界です。
一方、コンピュータが関係する数理科学の領域は、
（1）有時間的であり、
（2）離散的であり、
（3）厳密性を欠いており、
（4）人間は計算しない、
という性質を持っています。こういう分野を研究する人間は、私みたいなタイプが向いているわけです。
私はもともと数学が大嫌いでしたが、幸運な偶然によって、数学好きになりました。もしこの偶然がなければ、私は数学嫌いのままだったに違いありません。そうだとすると、数理科学の研究に着手するようなことは、ありえませんでした。
ということは、小学校から高校までの数学を、現在のように、伝統的数学で支配することは、不合理なのです。そうではなくて、コンピュータと親和性の高い分野を半分くらいは導入し、私のようなタイプの人間が数学嫌いにならないようにする必要があります。高校を卒業したら誰でも、コンピュータがどうやって足し算をしているかを知っており、簡単なプログラミングやシミュレーションができる、というようになっていなければ、お話にならないように思います。

んど神の領域なので、凡人に立ち入ることができる範囲ではありません。

5．ラッセルのパラドックスとコンピュータの出現

現代の数理科学とコンピュータとは、切っても切れない関係にあります。このような事態をもたらしたのは誰かと聞かれたら、バートランド・ラッセル（1872 ~ 1970年）だ、と私は答えます。ラッセル自身はコンピュータを開発したりしておらず、そればかりかおそらく、一度も触ったことがないのではないか、と思いますが。

ラッセルは学者として、あらゆる意味で偉大でした。哲学を出発点として、論理学、数学、思想、教育、経済、政治、歴史といったさまざまの分野で重要な業績を挙げ、しかも世界の平和のために自分の思想的信条を貫いて、第一次世界大戦とベトナム戦争に反対して、二度も逮捕されています。

とりわけ人類に対する重要な貢献は、「ラッセルのパラドックス」と呼ばれる難問の発見でした。彼は、厳密で確実な知識を生涯にわたって追求しました。その最初の重要な研究が『プリンキピア・マテマティカ』という本の出版でした。この本は、「記号論理学」という分野を生み出したのですが、その目的は、数学の曖昧さの克服でした。

ラッセルにとっては、数学でさえも曖昧で不確実だと感じられたので、それを論理学によって基礎付ける、という野望を抱きました。そのためにまず論理学を厳密で確実にする必要があり、自ら記号論理学を生み出したのです。そこから、「自然数」だとか「足し算」だとかを演繹していったのです。しかしその最中に彼は衝撃的な発

見をしました。それが「ラッセルのパラドックス」です。

ここで「グループ」というものを考えてみましょう。同じ性質を持つ要素を集めたものが「グループ」です。たとえば「リンゴ（の性質を持つもの）」を集めたものは「リンゴのグループ」です。

ここで、「自分自身を要素として含まないグループ」というものを考えてみましょう。たとえば「リンゴのグループ」がそうです。「リンゴのグループ」の要素は「リンゴ」ですから、如何なる「リンゴ」であっても、このグループの要素です。では「リンゴのグループ」はどうでしょうか。「リンゴ」はもちろん食べられますし、「リンゴのクレープ」なら美味しそうですが、「リンゴのグループ」という概念は食べようがありません。「リンゴのグループ」は明らかに「リンゴ」ではありません。それゆえ「リンゴのグループ」は、自分自身を要素として含まないグループです。

では、「自分自身を要素として含むグループ」はどうでしょうか。その一例は、「グループのグループ」です。つまり、「リンゴのグループ」「みかんのグループ」「ぶどうのグループ」「人間のグループ」など、ありとあらゆるグループを集めた「グループ」です。「グループのグループ」は、自分自身もまたグループの一種です。ですから、「グループのグループ」は「自分自身を要素として含むグループ」です。

ここでついでに、「自分自身を要素として含まないグループ、のグループ」はどうでしょうか。ラッセルはこういうグループを考えて、大変なことに気づいたのです。このグループに R という名前をつけましょう。

まず、「R は自分自身を要素として含まない」と仮定するとどうなるでしょうか。そう仮定すると、R の定義が「自分自身を要素として含まないグループのグループ」なわけですから、R に属する条件を満たしていることになります。ということは「R は R の要素だ」ということになります。これでは「R は自分自身を要素として含む」ということになり、仮定に反します。これは矛盾です。

では今度は逆に、「R は自分自身を要素として含む」と仮定するとどうなるでしょうか。そう仮定すると、「自分自身を要素として含む」わけですから、R に属する条件を満たしていないことになります。ということは「R は R の要素ではない」ということになります。これはつまり、「R は自分自身を要素として含まない」ということですから仮定に反します。またも矛盾です。

つまり、R を考えると、どうやっても矛盾が生じます。ラッセルの構築しようとしていた厳密な論理学においては、一つでも矛盾があったら、それですべてはオジャンになるのです。このことに気づいたラッセルは、大変な衝撃を受けました。論理学がそのままでは成り立たないことを意味していたからです。

かくして、論理を成り立たせるには、何らかの工夫がいることに気づいたのです。そこで彼は「タイプ理論」というものを考えました。こういう厄介な問題が起きないように事前にルールを設定した上で、論理学を構築することにしたのです。そうやって構築した壮大な神殿が『プリンキピア・マテマティカ』です。

しかしこのシステムの上でも、さまざまの問題が生じることが、後に、ゲーデル（1906 ~ 1978 年)、チャーチ

（1903 ～ 1995 年）、チューリング（1912 ～ 1954 年）といった数学者によって示されました。かくして論理学は、確実な知識のための演繹の規範であることをやめて、論理展開の操作を行うための方法の研究、というようなものに限定されたのです。そしてそこから、コンピュータが生み出されました。

ラッセルの弟子であり、「サイバネティックス」と呼ばれる画期的な学問を創設したウィーナー（1894 ～ 1964 年）という偉大な数学者は次のように述べています。

> かくて論理学は兵を引かねばならなくなった。限定された論理学は、演繹が為されるときの規範となる学ではなく、演繹系の一貫した作動にとって必要な事実の自然史のようなものとなった。今や、演繹系から、演繹機械への距離は短くなった。……この方向への最初の一歩は、算術から、理想的な論理機械の体系へと進むことであり、これは数年前にチューリング氏によって実行された[7]。

「チューリング氏」の「論理機械」というのは、彼が数学的問題の証明のために提案した「チューリング・マシン」というモデルです。このモデルは人類に対して決定的な影響を与えました。というのも、この「マシン」こそが、現在、私たちが使っているコンピュータそのものだったからです。皆さんの使っている携帯電話やゲーム機も、チューリングのお陰で出現したのです。

7　N. Wiener, *Ex-Prodigy*, (1953), p. 193.

そしてこのコンピュータを用いることで、非線形科学などの新しい学問が成立しました。私が、数理科学などの研究に手を出すことになったのも、その波及効果の一部です。その意味で私は、ラッセルやチューリングを非常に尊敬しています[8]。

そればかりではなく、コンピュータの出現によって、人間社会のあり方は、根本的な影響を受けています。というのも、人間社会は、人間から成り立っているのではなく、人間同士のコミュニケーションから成り立っているからです。それは、人間を沢山あつめても、全員を独房に一人ずつ詰め込んでしまって、相互にコミュニケーション出来ないようにしてしまえば、社会が成立しないことから明らかです。

コンピュータは当初、計算する機械だと思われていましたが、現在では主としてコミュニケーションの道具となっています。コミュニケーションのあり方が変わると、必然的に、社会のあり方も変わってしまいます。ですから、現代の学問は、この問題をどう捉え、どう対応すべきであるのかを、考えねばなりません。

しかし、現段階では、こういう問題をどう捉え、どう対応したらいいのか、それにはどういう学問をすれば良いのか、未だによくわかっていないのです。いま、数学を勉強している若い人々には、この問題に立ち向かっていただかねばなりません。数学の勉強もまた、そのための一助として取り組んで欲しいと思うのです。

8　こういった学問の流れについては、安冨歩『合理的な神秘主義』青灯社（2013年）を参照してください。

6．まとめ——大切なこと

さて、とりとめもないような話で恐縮ですが、以上の内容から私が大切だと思うことをまとめておきたいと思います。

何よりも大切なことは、「見方を変える」という態度です。これこそがすべての鍵です。

受験勉強の数学を私が乗り切ったのは、まさにこの態度を獲得したからでした。勉強というものは、習っていることを、教える人と同じようにできるようになるためにするのではありません。習っていることを、教えている人とは、違う見方で見るためにするのです。そうでなければ、何の意味もないのです。そこにこそ、独創と創造と進歩の源があります。いや、それどころか、それこそが「理解する」ということなのです。

そして数学こそは、このことを教えてくれる学問だと思います。なぜならそれは厳密で整合的な思考を必要としているからです。たとえば、ラッセルのパラドックスは、彼が信じられないくらいに厳密性に固執する人だったからこそ、気づいてしまったのです。厳密な思考を展開しようとすると、どうしても「わからないこと」が出てきて、そこで新たな発見が生まれるのです。そして新たな発見の本質は、見方を変えることです。数学の歴史というのは、「数」についての見方の発展史だ、ということもできるでしょう。

そのためには、「なんだか変だな」という感覚を大切にせねばなりません。「おや？」と思ったにもかかわらず、

「いや、それはどうせバカな私の勘違いにきまっている」と抑えこんでしまえば、何も起きないのです。それはつまり、「納得出来ないことは納得しない」ということでもあります。「とりあえず受験だから、呑み込んで……」とやってしまうと、それで人生は終わり、と言っても過言ではありません。呑み込んでしまえば、見方が変わることはないからです。

数学の勉強というのは「おや？」という疑問がすべてだと私は思います。もしも高校生の私が、数学を「呑み込んで」適当に点数を稼ぐことに成功していれば、ここで述べたような一貫した理解を獲得することはありませんでした。そうすればきっと、数学ができるようにはならなかったはずです。また、数理経済学や数理科学に手を出すことにもならなかったでしょう。

そして、「おや？」には面白い特徴があります。ひとつの「おや？」を必死で勉強して解決すると、たくさんの「おや？」が生まれる、という性質です。もしあなたが何かの「おや？」を解決したのに、新しい「おや？」が生まれなかったとしたら、それは、何かが間違っている証拠です。そうやって一つの「おや？」が10個の「おや？」に、10個の「おや？」が100個の「おや？」に、急激に増加していったとき、あなたは真理に向かって急激に接近しているのです。

たとえばラッセルのパラドックスにしても、最初、彼は自分が何か勘違いしているに違いない、と思っていたのです。彼が「おや？」に固執したゆえに、とてつもない数の「おや？」が生成し、世界のあり方を根本的に変えてしまいました。もしそこで彼が、「そんなはずはない」と考えて先に進んでいれば、我々の世界は一体、どうなっていたことでしょう。

このような壮大な話でなくとも、必ず理解には「おや？」が伴います。たとえば、関数と図形とを、ベクトルの観点から理解した私は、全然関係ないと思っていたものが、突然つながるのを見て、非常に驚きました。そして「他のもの同士の関係はどうなっているのだろう？」と思って、それらが相互につながっていることを認識したのです。それはさらなる「おや？」へと私を導いてくれました。

受験生の私は、英文解釈を数学的観点から考えるようになりました。個々の文を方程式、意味を知っている単語を定数、意味がわからない単語を変数と考えて、連立方程式を解くように、英語を読むようになったのです。このやり方であれば、知らない単語が出てきても、恐れる必要がなくなりました。

こういう観点から文章を読む、という態度は、国語にも応用できました。文章というものはそもそも、単語から成立しているわけでも、単語と独立に成立しているわけでもなく、その全体的意味と個別の意味とが、相互依存して成り立っているからです。

さらに、こういう風に文章を捉えるようになった私は、数学、というものの持つ全体的意味というものをイメージするようになりました。このような過程は、ラッセルとは比べものにならないほど小規模のものですが、それでも質的には同じ過程だったのだと思っています。

私はこういった数理科学的研究の成果を2000年に本に

まとめて出版しました[9]。この本で、人間の暴走というテーマを研究するのに必要な数理的知識は、もう十分だ、と判断したので、それ以降は数理的研究から離れています。現在では、人間の魂が植民地化されて、自分自身の感覚ではないものを感覚だと思い、自分自身の意思ではないものを意思だと思い、自分自身の考えではないものを考えだと思い込む、ということに、暴走の本質があると思っています。つまり「おや？」を抑えこむこともまた、魂の植民地化そのものです。こういう観点から「魂の脱植民地化」という問題を研究しています[10]。

そして、魂の植民地化を抜け出す上で、最も大切なことが「おや？」なのです。その意味で数学を学ぶことの重要性は、ますます明らかだと考えています。

---

9 安冨歩『貨幣の複雑性―生成と崩壊のダイナミクス』創文社（2000年）。
10 安冨歩『生きる技法』青灯社（2011年）。

10

数学は誰のためにあるの？

栗原佐智子

1．私はこの本の編集者です

本の編集者というものは、「黒子」です。本ができるまでにいろいろな仕事をしますが、本とともに姿をあらわすことはありません。1冊の本をつくるとき、主役は本を書く著者であって、その著者が書く文章です。いやいや、文章が主役で、著者は脇役かもしれません。本は広く、遠くへ広められてこそつくり手にも本望でしょう。誰かに伝えられてこそ、生き生きと新たに動き出す知識が、文字になって自由に旅立っていく、そんなイメージでいます。

編集者はその手伝いをする、姿の見えない存在なのです。たまに、「あとがき」などに名前が登場することがあります。本に名前がでてうれしいというよりは、何かあったら恥ずかしいという責任感や緊張感のほうが大きいです。

しかしその黒子が文章を書く役目を与えられて表にでてきてしまい、実は大変恐縮しました。私に与えられた役目は、受験や研究を抜きにした立場で、読者と数学と著者の間をつなぐことです。

編集者の仕事は、著者と読者をつなぐ、最適な回線を見つけるようなものだとも思っています。表に出るのは恥ずかしいのですが著者の先生方からもらった勇気をもって、書き始めます。

2．この本をどうやって読んでほしいか

本の編集者は、本の種類によっては著者とのかかわり方が違うのかもしれませんが、地味な仕事には違いありません。たった一人ですべてやっている出版社から、数百人、数千人規模の出版社まで、その規模によっても、こなす仕事の種類は違うでしょうが、知っていなければならないこと、やらねばならないことは同じかもしれません。

企画を立てて原稿をもらうまでに流れる時間もさまざまです。本が、読み手の新たな行動や考えのかけ橋となり、笑顔になることを考えます。この本についても、できあがるまでにさまざまなことがありました。

人や知識の出会いから、出版企画が生まれ、その企画が数十万からの文字が詰まった本になり、読者の手に渡るまでのことをどのくらい考えているかといったら、それはもう一途なものです。そしてさらに、原稿が活字になり、本の形になって、読者に届くまでには、その本を取り巻くたくさんの人の、大変な力が集まっているのです。

さて、編集者として原稿を読むときは、もっと著者は原稿（読者）に対して率直になるべきだ、飾り立てずに

書いてほしい、などと生意気に思うのですが、実際に書いてみると、自分の日頃思っていることをまとめるのは、裏付ける実験結果もなく、困難をきわめました。この本の場合は原稿を依頼するとき、「どうして高校生が数学を学ばなければならないの」という、たった一つの質問に対し、高校生に向けてそれぞれの考えを書いていただくことをお願いしました。日頃、文章を書くことには慣れていらっしゃるでしょうが、簡単に書かれた文章ではないはずです。

この本の原稿を読んだときは、どの原稿にも、それぞれ感動しました。高校生のみなさんや、その他数学の苦手な人にむけて、どうして数学を学ぶのか、答えてほしいという質問に対し惜しげもなく、思うところを文章にして書いてくださっています。ですので、書いていることがバラバラだと思うかもしれません。示し合わさずに書いているので当然なのです。それだけに「標準」を作っていないのです。

一口に「できない」「苦手」といっても、その理由やそうなったきっかけは、千差万別のはずです。

「こんなの難しくてわからないよ」と感じるところもあると思います。それは素直にそう思ってください。わからないときに全部受け入れようとする必要はありません。いまはわからないだけだと思ったらいいです。編者がどんな本をつくりたいかに応えることのほかに、編集者としては、「ああ数学なんて嫌になっちゃうな」と迷ったときに、この本のいろいろな人の文章のなかに、ほっとしたり、勉強の方法に役立つ答えや、後でヒントになる言葉が得られるような、そんな本を目指しました。

3．数学の何がおもしろいのか説明してごらんよ

この本の著者は大学の先生や数学の先生なのだから、数学ができて当たり前だ、できない気持ちがわかるのかと、思う読者がいるのではないかと思いました。

「なんでできないの？」という一言は、できない者には勘弁してほしい言葉です。こっちが質問したいくらいですから。進みたくても進めなくて苦しいのですからね。私も受験では浪人して、苦しい数学の時間を過ごしました。もがいても進まないのですから、そもそも歩き方（学び方）を正しく知らなかったのだろうなと、今は思います。

暗記もだめ、問題をたくさん解けばいいというものではない、じゃあどうしたらいいの？　将来役に立つの、立たないの？　と聞けば、数学は「社会で役に立っているに決まっている」あるいは「社会人になっても使わない」と、カマイタチにあったような、解決しない答えが返ってきます。「ほんとはわかる人にはわかるけどね」と言っているような、なんだか知らない間に気に障って傷つく答えではなくて、もっと大事なことを、あらかじめ心に留めて勉強することを教える、それが「歩き方（学び方）」なんだと思います。

勉強する前に知っておきたい、もっと大事なことってなんでしょう。それは「おもしろいと思う心」だと思います。生きるか死ぬかの問題じゃなければ、おもしろくなきゃ、やりたくならないからです。

手当たり次第に「じゃああなた、数学の何がおもしろ

いのか説明してごらん」と聞いたら、人によって違う答えが返ってきて当然じゃないかと思います。でも多分、数学をおもしろいと本当に思っている人が少ないから、そんじょそこらでまともな答えがなかなか聞けないのだと思います。

まあそうなると、数学を役立てて研究しているに違いない、大学の先生あたりに聞いてみるのが適切でしょう。そう思って、この本の著者のお話の、心地よいと思えそうな先生のお話から、ちょっと耳を傾けてみてください。どこかで心に触れる言葉に出会えるかもしれません。

4. 生きるか死ぬか、面白いかどうか

もしも心に触れる言葉に出会えなかったら？　もっといろんな人に、聞いてみたら出会えるかもしれません。無責任な言いようですが、でも、数学をもっとやってみたいから、この本に興味をもったのではないでしょうか。

人は、解かなきゃならないと決意した問題から解いていくのだと思います。その判断はどこにあるかと言ったら、「生きるか死ぬか」がもっとも重要な条件でしょう。脅迫されてない限り、数学の問題なんか、解けなくたって死にはしません。でも、心のどこかで、本当は解けたらいいなと思うのは不思議です。わからない言語があれば聞き取って、違う国の言葉で話をしてみたいと思うように。

その欲求の理由は、外国の言語を学んでその国を知りたいと思うように、もしかして数学がもっとできたら、もっといろいろなことがわかったり、できたりして便利

だろうなあと思う、無意識の欲求かもしれません。

さて、そのもっといろいろなことができる、わかって便利、というまだ見ぬ世界の情報は数学の場合、高校の勉強の先にさまざまな知見がまとめられているようです。高校の勉強の先はたとえば、大学や専門家の世界でしょう。

数学が得意ではなかった私は高校生の当時、やっている勉強の先にあるものなど、とても想像できませんでした。数学に限りませんが、数学の勉強や、数学という学問も、人生で思わぬ場所から見てそう思うようになった、次はそんな話です。

5. ものの見方にある死角

人生で、思わぬ場所から違う景色を見る経験というのは、おそらくどんな人にも何度か訪れる機会かもしれません。それは、大体がその人にとっては大きな事件で、とてもラッキーにやってくることも、不幸のどん底のようにやってくることもあると思います。

かく言う私は、いくつかの大学で仕事をしてから、本の編集者の仕事に就きました。世間にはよくあることで、「生きるか死ぬか」とまではいきませんが、人生に起こったいくつかの事件（離婚など）によって、頼れる家族のいないところで子どもを一人で育てなくてはならなくなり、仕事の任期終了が近づいても就職活動もままならず、本当に困ったことがありました。それまで研究者になりたかったので、なるべく大学の研究室にいられる仕事を選んできたのです。しかし、予期せず恵まれたのが今の編集者という、遠からず、近からず、大学のそばにいる仕事でした。「屋根の下で毎日子どもとご飯が食べられること」のほうが大切になりましたので、腹をくくって大阪大学出版会のためにいい仕事をしようと、即決心をしました。今も仕事で心がゆらいだ時は、初心を思い出します。

子どもと寄る辺ない暮らしを始めると、さまざまな事件が続きましたが、広い世界の中では、人の身の上に起きることなど、「まあよくあること」です。他人がどう思おうが、自分がどう思おうが頑張るしかありません。私が船頭となり世の中に漕ぎ出した家庭は、小さいながらもこれまでに経験のないさまざまな波にもまれ、その波間に、同じように波にもまれる他のひとり親家庭が見えてきました。それまで彼、彼女たちが背負っているものなど、表面しか見ていなかったことに気付きました。ふと漏らす一面や、思わず流す涙を見ていて、同じひとり親家庭といっても、みな抱えるものが違うこともよくわかりました。仕事もすっかり変わって、いままで続けてやってきたことが、また一からになり、自分のやってきたことが一度に変化してみると、自分のものの見方にずいぶんと死角があったことに気づいたのでした。

安冨先生が本書の中で書かれている「見方を変える」ということは大切なことだと思います。見方を変えられるようなことが起きるときは、本人は結構、大変な思いをするのかもしれません。ちょっとした興味の中から、大きな挑戦を選んでいくことや、思いがけない辛いこと、とんでもなくうれしいことが起きたとき、その一撃で何かが動き出すのだと思います。ものの見方にある死角は、ひとつのものを見たからといって、すべてが見通せるようになったわけではありません。もっとよく見るために、どうしたらよいのか、前より注意深くなっただけのことかもしれません。だから苦労した方が良いかというと、「若いときの苦労は買ってでもせよ」と言いますが、買わなくても苦労は人それぞれやってきます。「若いときのさまざまな経験」は買ってでもせよと言いかえて伝えたいと思います。

でも、あんまりつらいことや困ったことが起きたら、つらいことに背を向けて逃げてください。後ろを向いたら、大事なものが見つかるかもしれません。

6．良い先生を見つけるのも勉強のうち

編集者の仕事も、ものの見方がとても大切なのだと思います。

私が働いている大阪大学出版会は、大学とは別組織の独立した出版社で、分類するなら「大学出版」という仲間に分けることができます。「大学」とつくだけで、難しい本をつくっているんだなあと受け止められるようです。それだけでも縁のない出版社だと思う人がいて、敬遠されることもあり、逆に、ブランド力を感じる人もいるようです。

大学の先生の研究成果を本にする、教科書をつくる、というのが大まかな仕事ですが、正直なところただ作っただけでは食べていけません。できるだけたくさんの人に手にとってもらわなくてはなりません。では誰に？　ここが最も大切に思っているところです。

その「誰か」に伝えるために、読みたくなる本を作るのです。だから、その「誰か」がいるところまで近づくためには、今自分がいる場所、つまり大学から遠ざかって伝えたいことがどんな形をしているのか、観察しなくてはならないでしょう。

大学の先生が自分の研究を語るとき、理系の先生が日本の将来を見つめながら自分の研究を語るとき、文系の先生が一般的な毎日ではとても気づかなかったことを示してくれるとき、「かっこいいなあ」「面白いなあ」と思うのです。なんだ、そんな反応か！　と思われるかもしれないのですが、その感動が誰かに伝えたい気持ちとなり、広がっていきます。その時、ものの見方に注意し、伝えたいものを観察し、どんなふうに伝えようかと本の著者と一生懸命考えます。そして、違う世界が見えてきて、本をつくる原動力となるのです。

自分で見方を変えて違う景色を見るのは大変なことですが、大学の先生は専門の研究に限らずいろいろなことを知っていて、授業も大切なので伝える方法も研究しています。

大学でいろいろな専門の先生から話を聞いていると、数学は大学にある面白いことを伝える「文章」、調べる「道具」として、使われていることが見えて最先端科学もおもしろく感じるようになりました。「理系」として仕事をしてきたのに、それまでそんなふうにおもしろいと思えませんでした。自分のいたところから離れて、「数学」をさまざまな研究者の目を通じて見せてもらったからそんな風に思えたのです。

文系でも理系でも、数学は研究の道具として使われていますし、身の回りの自然現象が、数学という文章を使って書くことができるのがわかります。「数学」が文系と理系の壁を作っているのに、「数学」は知らぬ顔をして、両者をまたいで役にたっているのです。

さて、このようなことを経験してみると、勉強でこんなふうに数学を面白いと思ったっけ？　と疑問に思いました。なんだ、数学がどうやって使われているかわかるじゃないの。意外におもしろい。どうしてもっと早く教えてくれなかったの？　そうしたらもう少しは、数学が身についたんじゃないかな、と過去に対して反抗的に思ったものです。もっと勉強したらわかったのでしょうか。当時、どうせ何か役に立つのだろうとは思っても、想像もつかなかった世界です。私が高校生だったのはずい分と昔なので、今の授業はもっといろいろなことを教えてくれているのでしょうか。

ちょっと乱暴かもしれませんが、学校で、学ぶ内容が変わるたびにでも「なんのために勉強するの？」「何の役に立つの？」という質問を、もっと先生にしてよいのではないでしょうか。それに対し「役に立つに決まってる」「社会に出たら役に立たない」なんて答えられたら、本当は、答えられないのかもしれませんよ。そんな答えしか出せないなら、「そういう経験はなかったなあ」と正直に言うか、「ちゃんと答えられないから今度調べてくるね」とでも言ったほうがましだと、思うのです。

親や先生は子供や生徒に対し、万能ではありません。知らなかったり、間違ったり、都合よく逃げたりすることもあります。だから、自分に自信をもって勇気をもって質問し、できることから勉強したらよいと思います。

苦手なことを勉強することは、良い先生を見つけることでもあると思います。あなたの質問に答えられる先生は、学校にはいないかもしれません。気楽に、気長に待つと、出会えるのかもしれません。

数学っておもしろいなと思うようになっても、前よりできるようになったわけではありません。でも、おもしろい世界について、興味をもてたことで、数学も自分に関係あるのだと思うようになりました。私は、編集者になって初めて、複数の「私の数学の先生たち」に出会えたのかもしれません。

7．学問は研究している人だけのものではない

数学についておもしろいことを見つけても、数学が嫌いじゃなくて好きになったとしても、誰でも問題はすらすら解けないのも知っています。でも、できなくったって、いいと思います。できないことを苦しんで、ほかに好きなもの、大事なものに使う時間がそのために減ったり、夢を見失ったりすることのほうが大事件です。

ただその世界に触れたことを大切にして、1点でも取れていたら「数学？　できるよ！」と堂々と答えてよいと思うのです。恥ずかしかったら、「ちょっとはできるよ」でもいいと思います。外国人は「コンニチハ」しか言えなくても、「日本語できます」という人のほうが多いという話を聞いたことがあります。日本人は、朝昼晩のあいさつもできるのに、「できません、全然」と答えるとか。

人と比べはじめた時から、出来不出来が気になりはじ

めるという苦しさもあります。困っていることほど、比べたり、その理由を調べたりしないのも、余計なことで苦しまないコツでしょう。

私は植物が好きで、歩いているとつい、道端の植物が気になって脇道へ入っていったり、運転中に木々が気になって脇見運転をしたりしそうになります。ときどきいろいろな人に、植物の名前を教えて歩く機会があり、同じような目線の人と話すことを楽しんでいます。いろいろな植物を見ていると、そういえば自分も生物（せいぶつ）だったと思うことがあります。そう思うと苦しい時間も結構気が楽だったという話です。

生物を勉強して、以前の仕事で生物を材料にしているときにはそんなことは思いもしませんでした。仕事と興味で記録するために写真撮影に没頭し、たくさんの植物の顔や生き様を、毎日毎日、眺めるようになって、そう思うようになりました。生物は、生まれた瞬間に死ぬことが決まっていることだけがみな同じで、その時間をどう過ごすかはその個体の数だけ違います。

畑の作物は撒いた種の数だけ同じように芽を出して、同じ丈に成長し、同じような時期に収穫できるように作られていますが、雑草はいっせいに芽を出しませんし、同じ種類でも背の高さが違い、個体差があります。それは、自分の一族を守るためなのです。人間は自分で移動することができますが植物は動けません。動けないから、実に巧妙に自分を守り、結婚し、子供を残し、自分の種族を守ることに徹して生きて、枯れていきます。

では人間は自由かといえば、そんなことはありません。いろんな決まりの中で生きていかなくてはなりません。

粒がそろっていて静かにしているほうが、きれいに見えるかもしれないからか、大人になるにつれ、みな同じようにふるまうことが良いことのように勘違いされてしまうように思います。人間も生物です。そもそも、いろんな個性があって、ヒトという種族を残すようになっているはずです。決まりを守らないと迷惑ですが、子供のころの生き生きとした自由な気持ちを失わずにいろんなものに興味をもって、数学にも面白さを一つでも見つけてほしいと思います。

それでは、どうして高校生が数学を勉強しなくてはならないのかというと、先に進むためでしょう。目指す先に進みたくてその行く手に数学があるのなら、やらなきゃなりません。「目指す先」が勉強する理由になるわけです。自分で決めたら、きっと頑張れる。頑張れないのは、まだ行く先が定まらないからかもしれません。どうしても行く先が定まらないとか、どうしても数学ができなかったら、ほかの道（方法）も考えてみるのもいいかもしれません。あきらめなければ道がどこかでつながって、目指す先へ近寄っていけるかもしれませんから。

ところで、数学が役に立つかどうかも、その時になってみたらわかることで、そんなこと、一生なければないでいいと思います。代わりにほかの何かに出会っているはずです。それに、一度は学んだ数学は、どこかと細い縁でもつながって役に立っていると思います。使う人がいて、学問も成り立ちます。学問は、学問をやっている人だけのものではありません。たくさんの人が社会に生きて、暮らしていなければ意味がないのです。そんなふうに、学問での世の中のつながりを感じてよいと思うのです。数学はなにも、できる人だけの話ではないはずです。

数学ができなくて「先生、それも私の個性です」と、言って怒られると困りますが、それくらいの度胸で、一生懸命に自分のことを大切にしてほしいと思っています。いろんな個性が、いろいろな方法で長い長い歴史の中でなにかを次の世代に伝えて、人の社会は複雑に組み立て続けられています。誰もがその中の、同じ人などいない、大切な一人なのです。

この出版企画はさまざまに、いろいろな人とかかわって、形を変えながら本になりました。いろいろな大人から話を聞くことが、一つの答えになるかもしれない、というのがひとつの目的だったからです。

最初にこの本のために座談会をしたときに、参加してくれた高校2年生が、数学の勉強について、「何のためにやっているのか」と言っていたことが忘れられません。もう3年以上が過ぎてしまいましたので、今ごろ少し大人になっていると思います。

数学の先生ばかりいる前で、あの素直な言葉を発するのは、勇気のいることだったかもしれませんが、大人にとってはときどき見直すことが必要な、大切な言葉だったのだと思います。

11

受験数学事始

横戸宏紀

この章では、大学入学試験の数学（主に、答案を書く必要がある、国公立大学２次試験を意識して）について、受験勉強を始めるにあたって知っておきたいことを中心に書いていきます。

＊

私は普段、大学受験生を対象に、数学の入試問題の解答を書いたり、添削用の問題を作成したりしています。

入試問題と一言で言っても、ある年度に限定したところで、大学・学部・日程ごとに問題が違うので、その数は膨大な量になります。似たような問題もたくさんありますが、見かけがちょっと違うだけでまったく別の問題に見えることもありますし、いろいろなタイプが複合的に組み合わさった問題もあり、実にバラエティに富んでいます。

難関大学だからといって、必ずしも問題がすべて難しい訳ではありません。難関大学であっても、過去に何度も他の大学で出た問題が（少し装いを変えて）出題されることも珍しくありません。また、答えの予想はできても、きちんと論証しようとすると難しい問題（穴埋めだったり、答案を書かなくてもよい場合も含む）が私立・

文系学部に出題されることもあります。

こうした経験から、どんな問題でも一読しただけで解き方がわかる、なんてことは「ない」と断言できます。中には「高校の範囲で解けるとしたら、このやり方しかない」という消極的な理由（!?）から、端からある解法で攻めざるを得ないこともありますが、こうした特殊な事情でもない限り、少し手を動かして状況をつかんでみないことには解ける確信が持てない問題も、たくさん出題されています。

また、最初から最短の方法で解けるとは限りません。行ったり来たりしながら無理やり何とか解いた後に、もっと簡単な解法に気付くなんてことはしょっちゅうあります。自分では「こうやる以外、手はないだろう」と信じ込んでいたとしても、後日、受験生からまったく違う視点で、より簡単な解法を教えてもらうことも少なくありません。

以下、私が数学の受験勉強について考えていること、大学・予備校・高校の先生などから見聞きしたことを、問題の読み方・考え方、答案の書き方など場面ごとに書いていきます。巷で言われている「数学はセンスだ」、「数学は暗記だ」なんて悟り（諦念？）にも通じる念仏を唱える前に、「試験で合格点をとるためには、何をしなければならないのだろう？」ということを“問い直す”きっかけになれば、幸いです。

1. いい点数の獲り方

この章を開いた皆さんは、多かれ少なかれ試験で少しでもいい点数を獲ることを（密かに!?）狙っているのではないでしょうか？

試験でいい点数を挙げるには、出された問題を素早く、たくさん解いて、しかも、減点をされないような答案を書けばいい、ということぐらい、誰でもすぐに思い浮かびます。ただし、現実はそうは甘くないことぐらい、すぐに気付くでしょう。

記述式を課す多くの大学（理系）では、試験時間は120分から150分、大問の数は5、6題です。単純に割り算すると、1題にかけられる時間は25分から30分になります。1題に25分というと、ずいぶん時間があるように思えますが、25分で1題完答し続けられるなんてことは稀です。大抵、途中で行き詰ったり、間違いに気付いて時間を大幅にロスするものです。中には、試験時間内では到底できそうにない難問が混じっていることもあります。また、自分では「解けた」と思っていても、計算ミス・ケアレスミス、議論の不備など、減点になる要素はごまんとあります。問題文を正しく解釈しないで、まったく別の問題を解いていたりすると、目も当てられません。

という訳で、現実的な戦略としては、自分が得意としている分野の問題、比較的易しい（と見える）問題から解いていくことになります。ただし、試験の問題用紙は問題集と違って、分野や難易度が書いてあるなんてことはまずありません。問題文に矢印がなくても、ベクトルを持ち出して解いた方が簡単な問題や、複数の分野にまたがる問題は少なくありません。また、見た目が難しそうでも、いざ手をつけてみると見掛け倒しだったと気付く問題や、よくありそうな設定なのに実は難しい問題など、さまざまです。問題文が短いと難しい、といった類の噂も大抵は気のせいです。

また、一言で解けるといっても、方針によって手間が大幅に変わります。下手な方針をとると、時間の大幅なロスをしたり、議論が煩雑になって不備による減点へとつながりかねません。盲目的に、場合の数ならしらみつぶし、図形なら座標にのせる、などというのは下策です．

結局、試験で高得点を挙げるには、**あくまで理想**ですが、

- 試験場で初めて見た問題の難易度をある程度予想し、簡単な問題（または、確実に解ける問題）から手をつける。
- 適当な時間で解ける解答の方針を選ぶ。少なくとも、時間がかかり過ぎる方針は諦める。
- 議論に不備がない（減点されない）答案を書く。

といった戦略が必要になってきます。なんだか、すごく高度なことが要求されているような気になりましたか？

ここで挙げたのは、今ある力を、確実に得点に結びつける方法です。志望校の過去問など見ていると、「このセットなら４題半くらいは解けるだろう」とか、入試直前には捕らぬ狸の皮算用をしがちですが、試験場の普通でない心理状態で自分の力を出し切るには、それ相応の訓練をするのが筋です。

実際は、数題をなんとか完答（減点あり）、あとは部分点稼いで、ギリギリ合格なんてことが多いと思います。私が知る極端なところでは、某国立大学の文系学部で、数学が0点でも合格した、なんて話を聞いたことがあります。ただし、あくまで他の教科がべらぼうにできたからであって、数学を端から捨てるだなんて、おいそれとは真似できるような代物ではありません。また、大学入学後に困ることになるのは他ならぬ自分です（入試ではとかく選抜ばかりが強調されがちですが、高等教育について来られる学生に入学して欲しい、というのが入試の第一義だと考えている大学の先生も少なくないと思います）。

闇雲にたくさんの問題を解いて、半ば解き方を覚えても、試験で同じ問題が出ることはまずないと覚悟しておいた方がよいでしょう。また、そもそもそうしたことを頼りに勉強するなんて非効率です。取り組んだ問題から最大限吸収した方が効率的なのは火を見るより明らかです。その上で、こうした戦略のことも意識してみては如何でしょうか？　普段の演習では目の前の1題を解くことが目的になりがちですが、あくまで、試験場で1題でも多くの問題を解くことが目標なのです。

では、次節以降、もう少し具体的な話に踏み込んで行きたいと思います。

2．問題文の読み方

問題を解くためには、何はともあれ、問題文を“よく読む”必要があります。言われなくても、当たり前のことですよね？

日頃、問題集などで演習を積んでいるときには意識することは少ないでしょうが、問題文は、それだけで誤解が生じる余地がないように、細心の注意が払われて書かれています。短い問題の中に、問題を解く上で必要にして、十分な情報量が詰まっているのです。「て・に・を・は」だけでなく、句読点をつけるか、その位置にまで気を遣って作題されているという話です。

しかも、短い問題文の中にヒントを忍ばせていることも少なくありません。たとえば、「～となる確率 p_n を求めよ」と問われているとき、この何気ない問題文は、p_n に関する漸化式を立式すると簡単に解けることまでも暗示している（!?)、なんてこともありました（当然のことですが、必ずしもそうはなっていないことはあります)。こうなってくると、連想ゲームのような気がしますが、実は、こうした受験生に対する配慮は（気付かないだけで）多分にされているのです。

以上のようなことを意識していると、斜め読みや読み飛ばすなんてことはできなくなりませんか？　普段の演習でも、問題文をよく読んでいなくて間違えた経験はありますよね。そもそも問題文を数学的に正しく解釈できていなかったり（論理的に込み入った問題ほどよく起こる)、知っている問題と（本当は違うのに）勘違いしてまったく別の問題を解こうとしていたり、条件を読み飛ばしたり、などなど。こんなことを本番でしでかしたら、目も当てられませんが、本番では焦りや緊張も加わるので、思っている以上にやりがちなのです。問題を解くときには、耳に胼胝（たこ）ができるぐらい「問題文をよく読む」

ということを心掛けて欲しいと思います。

ところで、「問題文をよく読む」の中には、正しく読むということも当然、含まれます。数学という学問の性質上、問題文に出てくる文字・用語はすべて（何処かで）定義されています。普段の学習では、記憶があやふやな数学の用語に出くわしたら、教科書などに戻って確認することを心掛けたいところです。また、普段は使わないような固い表現が出てくることも多いので、よくわからない表現に出会ったら、億劫がらず、国語辞典を引きましょう。特に、

「任意の」（すべての）
「少なくとも1個ある」（1個以上ある）
「高々1個である」（1個以下。0個の場合もある）
「AまたはB」（AかB。両方でもよい）
「AかつB」（Aであり、Bでもある）

などは慣れておきたい表現です。

*

さて、数学の問題文では、必ず押さえておかなければならない、特有の方言があります。それは「～を満たすものを求めよ」となっていたら、満たすもの

“すべて”を求めることが要求されている

ということです。1個見つければおしまい、ではありません。たとえば、
「$x^2+y^2=1$ を満たす整数の組 $(x,\ y)$ を求めよ」
の答えは $(x,\ y)=(\pm1,\ 0),\ (0,\ \pm1)$ の4組です。$x^2>1$ または $y^2>1$ とすると $x^2+y^2>1$ となってしまうので、

$x^2 \leqq 1$ かつ $y^2 \leqq 1$ でなければならないことから、この 4 組以外にないことがわかります（こうした議論も答案に書く必要があります)。

複数個の答えがあるときは「すべて求めよ」となっている場合も多いのですが、だからといって、「求めよ」ならば答えが 1 個であるということまで保証していると考えるのは、記述式の答案を課す試験では勇み足です。たとえば、「2 次方程式 $x^2-3x+2=0$ の解を求めよ」を、$x=1$ とだけ答えて満足する人はまず、いないでしょう。当然、$x=1, 2$ と答えるべきところです。

*

最後に、問題文を一通り読む、最後の設問まで目を通しておくことをお勧めします。数学的に何をやりたい問題なのかがわかるだけでも、問題に対する心理的な抵抗感が変わってきますが、それ以上に、試験でメリットもあります。

たとえば、設問の（2）は（1）と無関係に解けることに気づけば、たとえ（1）ができなくても放置して、(2) を解くべきです。また、(2）は（1）で示したことを使えば解けることがわかれば、たとえ（1）が示せなくても示したことにして、(2）を解けばいいのです。「本当にこんなことして、点がもらえるの？」と疑問に思う人もいるかもしませんが、(1）で減点があったら（これでは示したことにならない)、(2）以降は採点されない、なんて採点基準を大学が作ることは滅多にありません（こんなことをしていたら、得点差が開かなくなるので、選抜試験として機能しなくなる)。

白紙の答案が得点になることはありませんが、きちんした議論さえしてあれば得点につながる訳です。選抜試験なのですから、得点に貪欲になるべきですよね。

3．問題の解きほぐし方

一言で「大学入試問題」と言っても、その難易度はさまざまです。

教科書の例題と同レベルの基本問題、その延長線上で比較的素直であったり、いろいろな大学で繰り返し出題されている標準問題、比較的高度な発想力・構想力・論証力・計算力が要求される発展問題、高校レベルを超える難問、といった大雑把な分類がされることが多いのですが、それぞれの境界は曖昧です。それでも受験勉強というと、大体、標準問題～発展問題を解けるようになることが目標になります。

余談になりますが、大昔、難関大学で初めて出題され、当時は（問題集などで）発展と評価されていた問題でも、その後いろいろな大学で形を変えて出題されるようになり、標準に格下げ（!?）になった問題も少なくありません。逆に、指導要領が変わったり、流行り廃りがあって、30 年前なら頻出タイプの問題でも、今だと見かけることがほとんどなければ、発展に格上げ（!?）になります。つまり、普段どのぐらい接するかで、難易度など変わってしまう訳です。

標準問題、典型問題といっても、初めて見るものは決して易しい訳ではありませんし、解答に時間がかかるのも仕方ありません。参考書などの解説を頼りに、各分野の理解を少しずつ深め、道具の使い方を習得していく、といった勉強法が採られることが多いでしょう。

3分も考えずに、まずは解答を丸暗記しよう、といった勉強はお勧めはできません。問題で問われていることを理解し、要点を整理して覚えるようにしなければ、他の問題への応用などできるはずもありません。見た目が少し違っただけで解けなくなるのでは意味がありませんよね。また、解答を覚えてもしょうがない問題（その問題しか使えない、など）はごまんとあります。どの道、ある段階で、自立して、考える訓練を積まざるを得ません。

逆に、解けるまで何が何でも解答を見ないで考え抜く、という威勢がいい人もいるかもしません。湯水のように時間をかけるのが（大学入学後でも）数学の勉強の王道ですが、仮に解けたとしても、問題集などの解答と比較・検討したいところです。自分の解法に無駄はないのか、どちらがより簡単に解けるのか、などを考えてみることは、非常に有益です。また、先人の知恵（定石）を学んでおくことは、解法の幅を広げることにつながります。こうしたことから、いろいろな問題に対応できる力がついていくはずです。

*

さて、問題を解きほぐすといっても、何をどう考えればいいのか、初見の解き方のわからない問題にどう取り組めばいいかは、古今東西、誰しもが持つ悩みです。G.ポリア著『いかにして問題をとくか』（丸善出版）で一冊かけて論じられるほどです。

そもそも、解き方がわからないからこそ「問題」だと言えます。解き方がわかっている問題など、決まりきったことをなぞるだけで、「問題」とはいえないはずです。問題というからにはある程度の試行錯誤が要求されるもので、どんな問題でもスラスラ解けるようになる、なんていうのは幻想に過ぎません。

過去に解いてきた問題の解法を真似できないか試してみるのが最初の一歩です。また、実験する（文字に数字を代入するなど、具体的な場合を考察して、一般的な状況の目鼻をつけたり、予想してみる）、視覚的に考えてみる、文字・座標などを設定するなど、取っ掛かりのつけ方はいろいろあります。

ここで、具体的に一題考えてみましょう。30分くらいを目途に考えてみて下さい。

[例題]

空間内に四面体ABCDを考える。このとき、4つの頂点A、B、C、Dを同時に通る球面が存在することを示せ。（2011年　京都大学・理系）

4頂点から等距離にある点が必ず存在するなんて、当たり前のことを示さなけいけない、と思った人も多いでしょう。でも、その当たり前を「第三者に説得する」ことが求められている訳です。図を丁寧に描いたからといって、証明にはなりません。

では、次の解答を見て下さい（他にも証明の仕方はあるかもしれませんが、ここでは、簡単なものを挙げておきます）。漠然と読むのではなく、どのようなアイデアで「存在」に辿り着いているのかを想像しながら、読んで下さい。

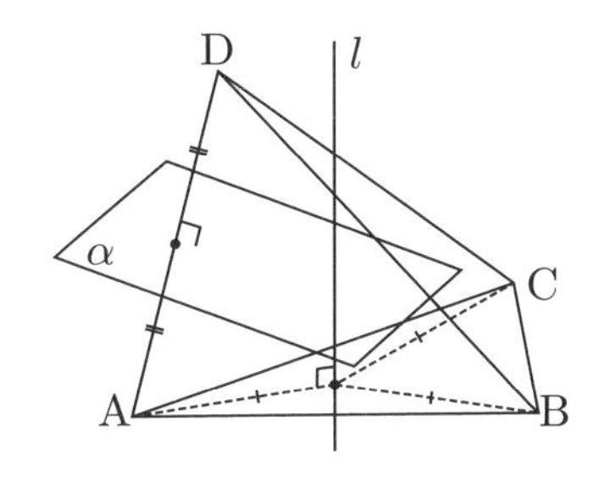

[解答]

3点A、B、Cから等距離にあるのは、三角形ABCの外心を通り、平面ABCに垂直な直線l上の点である。

2点A、Dから等距離にあるのは、AとDの中点を通り、直線ADに垂直な平面α上の点である。

ここで、$\alpha /\!/ l$とすると、AD$\perp l$であるから、点Dが平面ABC上にあることになり、4点A、B、C、Dが四面体をなすことに反する。よって、αとlは交点を必ず1つ持つ。この点をOとする。Oは4点A、B、C、Dから等距離にあるので、中心O、半径OAの球面は題意を満たす。

[解答終わり]

この解答のアイデアはわかりましたか？　いきなり「4点から等距離にある点」を考えるのは難しいので、個数を減らして「3点、2点から等距離にある点」を取っ掛かりにしています（これならどういう点になるかは既によく知っているはず……知らなかったら、いまここで常識として下さい！）。そして、平面と直線の交点として、どういう点かを提示しています。よくわからないことを、よく知っていることに落とし込んで考えた、という訳です。

このように、ちょっとしたこと、（後から見ると）他愛のないように思えることが、問題解決への糸口になることが多いのです。「数学的センスがある」などといっても、こうしたちょっとしたことに気付けるかの積み重ねに過ぎません。それもそのはずで、座標やベクトル、微積分など、本質的に新しく偉大な道具は教科書に既に書かれていて、その道具を如何に使いこなせるかが、入試で問われていることだからです。

*

そうは言っても、普段の勉強では、手も足もでない問題に遭遇することも多々あるはずです。自分の実力には見合わない問題だったと諦め、解答を読むしか仕方がありません。でも、その読み方には注意を払いたいところです。漫然と読んでおしまいでは、せっかく問題に取り組んだのに、その甲斐がありません。

解答を読むときは、最後まで1字1句、議論・計算を追うことも大切ですが、同時に、全体として何をやっているのかを考えることも大切です。問題集などの解答は当然、自分の思考過程とは違うのですから、前から読んでいっただけでは、議論の細部に気を取られて、全体として何をやっているのかわからなくなり、路頭に迷うことも少なくありません。あくまで目標は自力で解けるようになるなることですから、少なくとも全体の流れが追えなければ話になりません。

非常に高度な勉強法ですが、森毅著『数学受験術指南——一生を通じて役に立つ勉強法』(中公文庫)では「解答を3行に要約する」というのを幻の良問として紹介してあります。正解なんて(そもそもあるのかわかりませんが)気にする必要はないので、自分にとってどのステップが大事なのか、考えてみるのはどうでしょうか?

私は受験生の頃、大雑把に眺めて糸口が掴めたと思ったら、**本を閉じてもう一度考え直してみる**、ということをしていました。ただ読むよりも、実際に手を動かしてみた方が、思わぬ弱点にも気づくものです。また、自分に足りなかった部分を追及することで、自分の弱点が浮き彫りになります。場合によっては、教科書など基本に立ち返る必要性も認識できるかもしれません。

*

どうせ入試本番では1題に30分程度しかかけられないのだから、問題が解けるまで長い時間粘るのは無駄だ、といった意見もたまに聞かれます。

普段の勉強のときにできないものが、本番で急にできるようになることはありません。緊張や焦りに弱いという人はなおさらです。普段やってきたことの一部が本番に反映される、と考えるのが筋です。

確かに、どの問題に対しても湯水のように時間をかけるだけの余裕はないかもしれません。一部の問題だけでもいいのです。試行錯誤したことから学べることがたくさんあります。公式の正しい使い方だけからでなく、どういう場合に使えないのか、適用限界のようなものを身体で覚えることも大切です。とりわけ、実際にいろいろな場面で試してみるのが一番です。また、途中、この方向に突き進んだら泥沼にはまる、こちらの方向だとあと一押しで解けるはず、といった嗅覚が磨かれていくのは、転んだり迷ったりした経験からです。解けなかったからといって、決してその過程が無駄になっている訳ではありません。そこから何を学び取ろうとしているか、なのです。

4．答案の書き方

普段あまり意識することはないでしょうが、数学の出題・採点は、大学の数学科の先生（数学者）が担う大学が多いです。その多くの数学者が口を揃えて言うのは、「どんな解法だろうと、論理的に正しければ、その解き具合に応じて得点を与える」です。

数学の入学試験で、答えだけではなく、答案を書くことが要求されるのは、論理的に正しく考えられているかを確認するためです。ちょっとしたミスで答えが違っていても数点の減点で済んだり、答えが合っていても途中の議論がボロボロだとほとんど点数はなくなります。

数学の答案といっても、数式が入っているというだけで、“文章”です。相手（採点者）に「自分はきちんと考えられている」ことを説得するための文章です。ところが、式の羅列がしてあるだけの受験生の答案は意外に多いのです。自分で新しく設定した文字の説明するのは相手に伝えるための第一歩ですが、これすらないと、説得どころではありませんよね。これに加えて、式と式を適切な論理の接続詞（「よって」や「だから」など）でつないで、計算過程などを適当に端折ると、答案になります。

注意したいのは、答案が論理的でさえあればいいので、考え方（どうやって思いついたのか、どうやって予想したのか、など）を書く必要などなく、天下り式に書いて構わないのです。唐突かどうかなどと思い悩むことはありません。採点者はそういう文章を読む訓練を（皆さんが想像している以上に）積んできているからです。また、受験生が解答を読むときは、どうやって思いついたのかに興味があるでしょうが、採点者が答案を読むときは、受験生が論理的に正しく議論できているかに興味があるからです。ちなみに、採点者はプロですから、誤魔化して点をもらおう、なんてことは考えない方がいいと思います。たとえば、証明問題で詰まって、苦し紛れに「メラターデの定理より明らか」（でたらめ）なんて書いても、1点ももらえません（それどころか、採点者の心証を悪くするだけです）。時間の無駄ですから、他の問題や見直しに時間を使いましょう。

＊

さて、模擬試験の答案が返却されてくると予想以上に減点されている、といった経験がある人も多いでしょう。自分ではわかっていたのに、明らかだとして答案で書かなかったばかりに減点された、という悔しい思いをした人もいるかもしれません。

受験生には想像しにくいかもしれませんが、採点基準は受験生の答案を見てから作られるものなので、予め決まった「○○が書かれていないから減点」、「○○が書かれているから点を与える」といった基準はありません。受験生全員が気にしていない細かい議論の粗を一律に減点しても仕方ありません（合否には無関係ですから）。逆に、同じ学部の試験で、一部の受験生が議論していたばかりに、議論していない受験生が減点される、ということも起こり得ます。

採点基準は絶対的なものではなく、あくまで相対的なものなのです。合否が関係する同一の学部・学科内で同じ基準で採点さえされていれば、問題ないからです。

たまに、ルーティンな議論に関して「～は書かなくてはダメなのですか？」と受験生から聞かれることがありますが、気になるなら書いておいた方が精神衛生上良いでしょう。逆に、少しぐらいの減点の可能性など気にしないで他の問題に時間をかけるというのも一つの戦略です。どちらがいいかは一概には言えません。

＊

最後に。余談ですが、採点者は大抵 30 ～ 50 代になります。老眼のため（!?）、字が小さかったり、薄かったりすると、もしかしたら見落とされたりするかもしません。自分で書いたのに後から読み返せない文字があった、なんて経験がある人は、要注意です。綺麗な字で書けるに越したことはないのですが、誰が見ても判読可能な文字を書くことを心掛けて下さい。

5．範囲外の公式について

範囲外の「公式」を入試で使っていいか（使っても減点されないか）は、前節で書いた通り、一概にはいえません。

最初に、しっかり認識しておくべきことですが、
「入試問題というのは、教科書に出ている事項だけで解ける」ように作題されています。問題を解くのに、教科の範囲外の知識は原則として必要ありません。

ただ、たとえば、文系学部の微積分の問題で、（出題範囲外の）数学Ⅲの知識を使ったからといって、減点されるとは普通は考えられません。出題者側は厳しく出題範囲に縛られますが、受験生がそうした「大人の事情」に

縛られることはありません。解くのにより適切な道具があれば、それを用いれば良いだけです。

では、大学の教科書に載っている定理や、高校の教科書に載っていないけど受験参考書に載っている公式についてはどうでしょうか？

まず押えておきたいのは、出題者側は、こうした飛び道具を使えば簡単に解けてしまう欠陥問題を出さないように注意を払っている、ということです。また、飛び道具を使わなくても解けるように誘導をつけていたり、（高校の範囲でできる特殊な場合について）定理の証明を問題していることもあります。特に、後者で「～の定理から明らか」なんて答案を書いたら、点はもらえない可能性が大きいでしょう。

こうした理由から、検算用に使う、または、他に方法が思いつかない場合に使う、といった心構えが現実的かもしれません。大学の数学では、定理の適用条件などが高校までと較べてうるさいので、生半可な理解で使うのは危険です。

また、採点者は大学の内容ならよく知っているでしょうが、受験参考書までも隅々まで目を通しているとは限らないので、受験の公式は知らない可能性があります。「公式」を答案に明記して、時間があれば証明も書く、というのが無難な対処法です。

ここでは、よく話題になる定理・公式を2つばかり取り上げて、この機会にきちんと説明しておきます。付け焼刃で対応するぐらいなら、しっかり道具の特性を知っておく方がよいからです。少し込み入った話になってくるので、数学Ⅲを未習の人は飛ばして下さい。

*

1つ目は、極限値を求めるときによく話題になる公式です。

[ロピタル（de l'Hôspital）の定理]

$\lim_{x \to a} f(x)=0,\ \lim_{x \to a} g(x)=0$ で、

$\lim_{x \to a} \frac{f'(x)}{g'(x)}$ が存在するとき、$\lim_{x \to a} \frac{f(x)}{g(x)} = \lim_{x \to a} \frac{f'(x)}{g'(x)}$ 。

極限が $\frac{0}{0}$ の不定形になる場合だけでなく、$\frac{\infty}{\infty}$ になる場合でも成り立ちます。証明は大学初年級の微分積分の教科書には大抵書いてあります（きちんと理解するのは、定理の見かけによらず、易しくはありません）。ちなみに、$f(a)=g(a)=0$ のときは

$$\lim_{x \to a} \frac{f(x)}{g(x)} = \lim_{x \to a} \frac{\dfrac{f(x)-f(a)}{x-a}}{\dfrac{g(x)-g(a)}{x-a}} = \frac{f'(a)}{g'(a)}$$

となるので、ロピタルの定理を持ち出すまでもありません。

ロピタルの定理を使わないと（入試では）解けない問題というのはほとんどなく、答えの予想・検算用、どうしても解けないときのための「御守り」ぐらいに思っておいた方が無難です。

では、困ったからと言って、次の問題で使うのはどうでしょうか？

[例題]

三角関数の極限に関する公式 $\lim_{x \to 0} \frac{\sin x}{x} = 1$ を示すことにより、$\sin x$ の導関数が $\cos x$ であることを証明せよ。　（2013 年　大阪大学・理系）

前半について、次のように、ロピタルの定理を使うのはナンセンスです。

[誤答]

$x \to 0$ で $\sin x \to 0$ であるから、ロピタルの定理より、

$$\lim_{x \to 0} \frac{\sin x}{x} = \lim_{x \to 0} \frac{(\sin x)'}{x'} = \lim_{x \to 0} \frac{\cos x}{1} = \cos 0 = 1$$

これでは循環論法になってしまっているのです。$\sin x$ の導関数を求めるのに必要になる式（前半）を示すのに、$\sin x$ の導関数を用いているからです。次を見て下さい。

[例題の後半の解答]

$\sin x$ の導関数は

$$\begin{aligned} &\lim_{h \to 0} \frac{\sin(x+h) - \sin x}{h} \\ &= \lim_{h \to 0} \frac{\cos x \sin h - \sin x(1 - \cos h)}{h} \\ &= \lim_{h \to 0} \left(\cos x \cdot \frac{\sin h}{h} - \sin x \cdot \frac{1 - \cos h}{h} \right) \end{aligned}$$

を計算すればよい。いま、

$$\lim_{h\to 0}\frac{1-\cos h}{h} = \lim_{h\to 0}\frac{(1-\cos h)(1+\cos h)}{h(1+\cos h)}$$
$$= \lim_{h\to 0}\frac{\sin^2 h}{h(1+\cos h)}$$
$$= \lim_{h\to 0}\frac{\sin h}{h}\cdot\frac{\sin h}{1+\cos h}$$
$$= 1\cdot 0 = 0$$

である。よって、

$$\cos x\cdot 1 - \sin x\cdot 0 = \cos x$$

(前半を2箇所で用いていることに注意)。

[後半の解答終わり]

問題の前半ですが、扇形や円弧の"面積の大小"から三角関数に関する不等式を作って示す証明が教科書に書かれています。ここでもそれに則って示します。

[例題の前半の解]

$x\to 0$ を考えるので、$0<|x|<\dfrac{\pi}{2}$ としてよい。

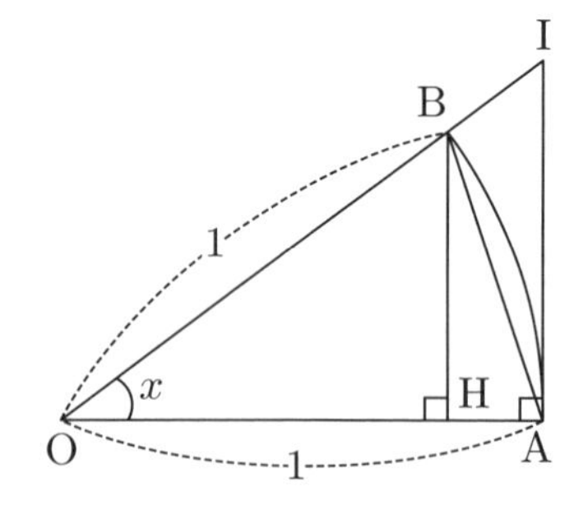

$x>0$ のとき、O を中心とし、半径1、中心角 x の扇形 OAB を考える。点 B から線分 OA に下ろした垂線の足を H、点 A を通り直線 BH に平行な直線と直線 OB の交点を I とする。面積に関して、

$$\triangle\mathrm{OAB} < (\text{扇形}\,\mathrm{OAB}) < \triangle\mathrm{OAI}$$

が成り立つ。$\mathrm{BH}=\sin x$、$\mathrm{AI}=\tan x$ であるから、

$$\frac{1}{2}\cdot 1\cdot\sin x < \frac{1}{2}\cdot 1^2\cdot x < \frac{1}{2}\cdot 1\cdot\tan x.$$

よって、$\sin x < x < \tan x$ である。よって、

$$\frac{\sin x}{x} < 1,\ \cos x < \frac{\sin x}{x} \text{すなわち} \cos x < \frac{\sin x}{x} < 1.$$

$\lim_{x \to +0} \cos x = 0$ であるから、はさみうちの原理より、

$$\lim_{x \to +0} \frac{\sin x}{x} = 1.$$

$x < 0$ のとき、$y = -x$ とおくと、

$$\lim_{x \to -0} \frac{\sin x}{x} = \lim_{y \to +0} \frac{\sin(-y)}{-y} = \lim_{y \to +0} \frac{\sin y}{y} = 1.$$

以上より、$\lim_{x \to 0} \frac{\sin x}{x} = 1.$　　[前半の解答終わり]

*

次に、一部の受験参考書に載っているもので、y 軸に関する回転体の体積の公式「バウムクーヘンの公式」というものを取り上げます（日本での大学の微分積分の教科書には、あまり載っていないようです)。次の V がその公式です。

[例題]

$f(x) = \pi x^2 \sin \pi x^2$ とする。$y = f(x)$ のグラフの $0 \leqq x \leqq 1$ の部分と x 軸とで囲まれた図形を y 軸のまわりに回転させてできる立体の体積 V は

$$V = 2\pi \int_0^1 x f(x) dx$$

で与えられることを示し、この値を求めよ。

（1989 年　東京大学・理科）

回転体を、長方形の回転体が年輪のように何層にもわたって積み重なっていると捉える（これがバウムクーヘンに似ていることから、受験業界ではそう呼ばれている）と、Vの式が得られます。$\Delta x \fallingdotseq 0$ のとき、バウムクーヘンの一つの“年輪”の体積は、円筒の表面積 $2\pi x \cdot f(x)$ に厚み Δx をかけたもの、と解釈できる、ということです。きちん証明するには次のようにします（初見では、易しくはないので、飛ばして構いません）。

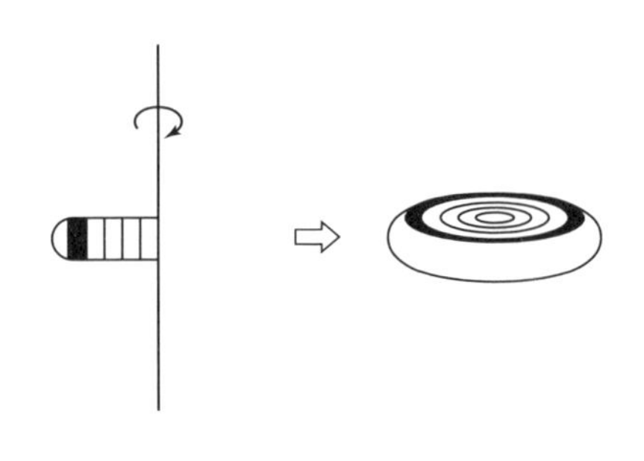

[解答]

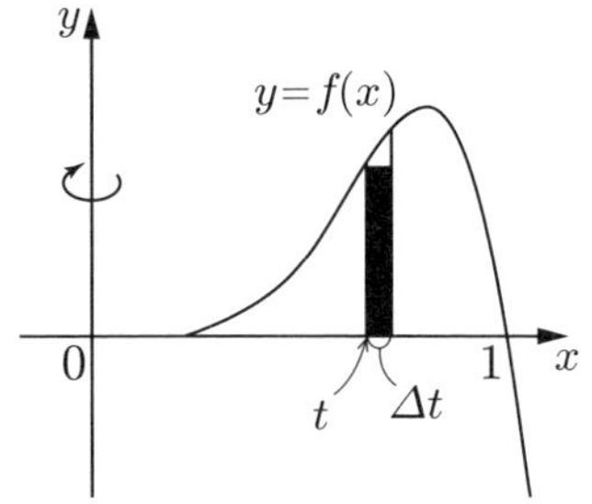

$f(x)$ の $t \leqq x \leqq t+\Delta t$ における最大値を $M(t)$、最小値を $m(t)$ とする。$0 \leqq x \leqq t$ の範囲で y 軸のまわりに回転させてできる立体の体積を $V(t)$ とおくと、

$$\pi(t+\Delta t)^2 m(t) - \pi t^2 m(t) \leqq V(t+\Delta t) - V(t) \leqq \pi(t+\Delta t)^2 M(t) - \pi t^2 M(t).$$

整理して、辺々 Δt で割ると、

$$\pi(2t+\Delta t)\, m(t) \leqq \frac{V(t+\Delta t)-V(t)}{\Delta t} \leqq \pi(2t+\Delta t)\, M(t).$$

$\Delta t \to +0$ とすると、$m(t) \to f(t)$、$M(t) \to f(t)$ であるから、左辺、右辺はともに $2\pi t f(t)$ に収束する。よって、はさみうちの原理より、中辺も収束して、$V'(t) = 2\pi t f(t)$

（$\Delta t<0$ の場合も同様に示すことができる）。したがって、

$$V=V(1)-V(0)=\int_0^1 V'(x)dx=2\pi\int_0^1 xf(x)dx$$
$$=2\pi\int_0^1 x\cdot\pi x^2\sin\pi x^2 dx.$$

$z=\pi x^2$ と置換すると、$dz=2\pi x dx$ であるから、

$$V=\int_0^\pi z\sin z dz=\Big[-z\cos z\Big]_0^\pi+\int_0^\pi\cos z dz=\pi.$$

［解答終わり］

結局、$\Delta x \fallingdotseq 0$ のとき、

$$\begin{aligned}V(t+\Delta t)-V(t) &\fallingdotseq \pi(x+\Delta x)^2 f(x)-\pi x^2 f(x)\\ &=2\pi x f(x)\Delta x+\pi f(x)(\Delta x)^2\\ &\fallingdotseq 2\pi x f(x)\Delta x\end{aligned}$$

（最初の≒は $f(x)$ と $f(x+\Delta x)$ の値はほとんど変わらないことから、最後の≒は2次の微小項 $(\Delta x)^2$ は Δx より圧倒的に小さいことから）と“近似”しても、結果には影響がない、ということです。物理などでは、微小量を考えて微分方程式を立てるということをよくやるのですが、高校課程の数学ではあまり出てきません。

実は、もう少し、高校生らしい（!?）証明法があります。置換積分と部分積分を組み合わせるものです。

［別解］

$f(x)=\pi x^2\sin\ \pi x^2$ （$0\leqq x\leqq 1$）に関して

$$f'(x) = 2\pi x \cdot \sin \pi x^2 + \pi x^2 \cos \pi x^2 \cdot 2\pi x$$
$$= 2\pi x(\sin \pi x^2 + \pi x^2 \cos \pi x^2)$$

であり、$x^2 \neq \dfrac{1}{2}$ のとき $y' = 2\pi x \cos \pi x^2 (\tan \pi x^2 + \pi x^2)$ である。$\tan \pi x^2 = -\pi x^2$、$0 < x < 1$ なる x を α とおく。

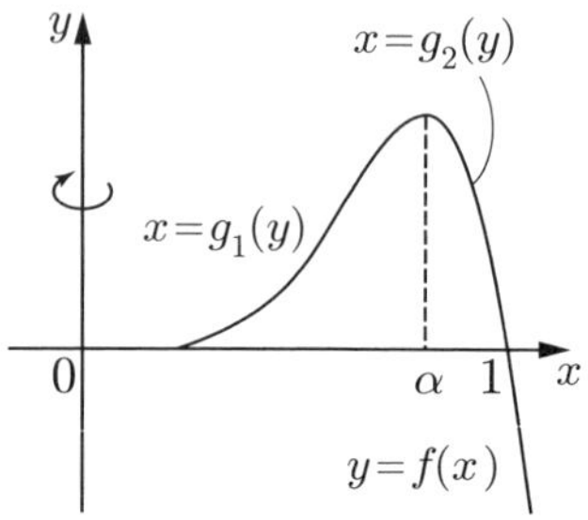

$0 < x < \dfrac{1}{\sqrt{2}}$ のとき $y' > 0$、$\dfrac{1}{\sqrt{2}} < x < \alpha$ のとき $\tan \pi x^2 < -\pi x^2$ より $y' > 0$、$\alpha < x < 1$ のとき $\tan \pi x^2 > -\pi x^2$ より $y' < 0$ である。よって、$y = f(x)$ のグラフは右図のようになる。

$f(x)$ の $0 \leqq x \leqq \alpha$、$\alpha \leqq x \leqq 1$ の部分の逆関数をそれぞれ $g_1(y)$、$g_2(y)$（$0 \leqq y \leqq f(\alpha)$）とすると、

$$V = \int_0^{f(\alpha)} \pi\{g_2(y)\}^2 dy - \int_0^{f(\alpha)} \pi\{g_1(y)\}^2 dy.$$

右辺第 1 項を $y = f(x)$ で置換して、部分積分すると、

$$\int_1^{\alpha} \pi x^2 f'(x) dx = \Big[\pi x^2 f(x)\Big]_1^{\alpha} - \int_1^{\alpha} \pi \cdot 2x f(x) dx$$
$$= \pi\alpha^2 f(\alpha) + 2\pi \int_{\alpha}^{1} x f(x) dx.$$

右辺第 2 項を $y = f(x)$ で置換すると、同様に、

$$\pi\alpha^2 f(\alpha) - 2\pi \int_0^{\alpha} x f(x) dx.$$

よって、

$$V = 2\pi \int_{\alpha}^{1} x f(x) dx + 2\pi \int_0^{\alpha} x f(x) dx = 2\pi \int_0^1 x f(x) dx.$$

［別解終わり］

別解は $f(x)$ の増減（山の個数）に依存するので、解答に比べると多少面倒ですが、馴染み易い方法ではないでしょうか？

＊

どんな定理・公式を使うにしろ、証明や適用限界などをきちんと理解しておくことが大切です。間違って覚える、適用できないところで使う、なんてことがないように心しておきたいものです。

6．答案の見直し方

受験生の答案で意外に多いのは、自分で後から読み返すつもりがないのだろうか、と受け取れるものです。字が汚いのは仕方ないにしても、文字が潰れて判読不能なもの。図形を考えているにもかかわらず、考えている図を添えないもの（図の場合しか考えていないと判断される証拠になってしまうと考えて書かないのでしょうか。後で読み直すのが手間では？）。議論が行ったり来たりして、使っていない議論が答案にそのまま残っているもの。数週間後、数ヵ月後でも、自分で読み返して理解できる程度の答案を心掛けたいところです。

というのも、答案を見直す、ということは大事な行程だからです。計算ミス、場合分けの漏れなどはいとも簡単に起こり得るものです。それを避けるには、間違いは必ずあるものだと思って、見直すしかありません。

日頃の演習のときは、見直しをすることよりも、間違えた箇所を自力で見つけることが多くなると思います。自分の間違い易いポイントは何処なのか、ある程度傾向が掴めるようになるはずです。また、間違いを誘発しやすい解法を避ける、といったことも考えてみると良いでしょう。

試験では、時間的制約が強いので、時間がかけづらくなりますが、それでも、後の議論に大きく影響しそうな部分はよく見直しましょう。たとえば、初っ端の計算を間違ったばかりに、問題の性質がまったく変わってしまう（当然、以後の議論で点がもらえる可能性は皆無）、なんてことが起こり得るからです。解けない3次方程式（有理数係数なのに、有理数解が見つからない）などが出てきたら、まずは計算ミスを疑うべきです。

*

間違い探しをする上で、求めた式・数値の妥当性をチェックする、というのは非常に有効な手段です。確率が0～1の間にない、面積が負になる、といったものは有無を言わさず間違いです。また、数列の問題で具体的な（小さい）値を代入して条件を満たすことを確認する、など、簡単にできる答えの確認はやっておくに越したことはありません。

繰り返しになりますが、間違いは必ず起こるのですから、その対処策をできるだけ用意しておくべきです。日頃から意識してみて下さい。

7．試験について

出題者側（大学の先生）からすると、入試で受験生に意地悪をしたい訳ではなく、受験生の実力を少しでも得点に反映させたいと思っているはずです。そうした理由で、試験本番での緊張を多少考慮して、最初の方の問題は易しめの問題を持ってきている大学も多いようです。

ところが、本番では何が起こるかわかりません。頭のエンジンが温まっていないのか、焦りや予断のせいか、その易しめの問題をすんなり解けるとは限らないのです。「易しいはずの問題が解けない。諦めて次の問題に行くが、前の問題が気になって、イマイチ集中できなくて、解けない。帰納的に、どの問題も解けない」なんて負の思考のスパイラルにいとも簡単に陥りがちです。

でも、よくよく考えてみると、分野の得手不得手は人それぞれですし、問題の難易度もみんながみんな同じはずはありません。しかも、そのときの体調や気分に影響を受けたりすることは往々にしてあります。試験中にはできなくても、終了後に簡単な問題だったと気付いた経験など、一度や二度ではないはずです。

試験とはこうしたものだと割り切り、先入観をできる限り排除して、「自分に解けなければ、誰にも解けるはずがない」と自分に言い聞かせて、解けるものからどんどん解いていく、というのが現実的な対処法ではないでしょうか。

ここで、「自分を言い聞かせられる」のも「どんどん解いていける」のも、日頃から培ってきた数学の実力があればこそです。

8．受験の数学が何の役に立つか

最後に、数学の受験勉強が何に役に立つのか、書いておきます。

大学での数学は高校の数学を抽象化したものになります（小学校で学んだ数や四則演算が土台にあるから、中学・高校で文字式、方程式、関数が考えられるようなものです）。高校までの数学に十分馴染んでおかないと、後々息切れすることは必至です。また、教科書の内容を深く理解するには、どんな問題が解けるようになるのかを知らないことには話になりません。

また、数学の入試問題は大学で学ぶ科目（数学に限らない）の事柄を背景にしていたり、高校の範囲で解けるように焼き直ししているものが少なくありません。高校範囲で解こうとするから難しい問題が、将来、見通しよく解けたり、俯瞰して見られるようになることが少なくありません（幾何の問題が座標で解けるようになったことを思い浮かべてみて下さい）。さらに、将来その科目を学ぶことへの動機づけになったり、また、学ぶときの取っつき易さに繋（つな）がるかもしれません。

＊

画期的な受験勉強法を期待した人は拍子抜けしたかもしれません。仮にそんなものがあるとして、大学の勉強では一切役には立ちませんし、かえって害になるかもしれません。それよりも、自分なりの勉強法を確立しておくことが大学入学後にも役に立つはずです。また、一つ一つ自分の頭で考え、納得するという経験を積み重ねていくことが、数学、ひいては学問を理解するのに最も大切なことだからです。

　俗説や噂などに惑わされず、焦らず、じっくり自分の勉強を進めて下さい。

（本稿は洛星高等学校教諭の中山博人先生に有益なご指摘をいただきました）

執筆者一覧（執筆順）［　］は執筆担当章

■編者

大竹 真一（おおたけ・しんいち）［2］
学校法人河合塾数学科講師、京都府立大学非常勤講師
他に、龍谷大学非常勤講師、河合文化教育研究所研究員を兼任。
著書に、『数学が面白くなる 東大のディープな数学』（2016 年、KADOKAWA）、『理系なら知っておきたい　数学の基本ノート［線形代数編］』（2005 年、中経出版）、『基礎固め数学』《基礎固め》シリーズ（2002 年、化学同人）、などがある。
趣味は、読むこと、書くこと、散歩すること。講義のほか、月刊誌・入試問題正解の執筆など、多忙な日常生活を送っている。

■著者

門田 英子（もんでん・ひでこ）［1］
静岡大学非常勤講師、科学コミュニケーター
専門は、素粒子・原子核理論。
著書に、日比孝之（原作）門田英子（漫画）コミック『証明の探究　高校編！』（2014 年、大阪大学出版会）がある。
趣味は天体観測、愛読書は「日本物理学会誌」。漫画で物理の授業をすると学生の反応が楽しくて、毎回スライドを作り込んでいます。授業で学生から質問を引き出すのが大得意。

土岐 博（とき・ひろし）［3］
大阪大学核物理研究センター名誉教授
専門は、物理学理論（原子核物理、天体物理、電気回路理論）。
著書に、『理系の言葉』（2015 年）大阪大学出版会、『相対論的多体系としての原子核—相対論的平均場理論とカイラル対称性』（2011 年、大阪大学出版会）、“The Atomic Nucleus as a Relativistic System”（2004, Springer）、などがある。
趣味は、テニス、「どうして」と質問すること。とにかく雑談が大好き。でも、午前中は物理を考える。

河野 芳文（こうの・よしふみ）［4］
高知工科大学名誉教授
専門は、数学教育、代数学（可換代数、代数幾何）。
著書に、『新しい学びを拓く数学科授業の理論と実践』（2010年、ミネルヴァ書房）、『中学数学自由自在』（2016年、増進堂）、『Focus Gold 数学Ⅱ＋B』（2013年、啓林館）、小野賢太郎（他・編著）『教師を目指す人のための教育方法・技術論』（2012年、学芸図書株式会社）などがある。
趣味は、これと言えるものはないですが、植物の観察や、中国の禅書を読んだり、時々座禅を組むこと。

思沁夫（スチンフ）［5］
大阪大学グローバルイニシアチブ・センター特任准教授
専門は生態人類学。
著書に、思沁夫（編）「「共生」する瞬間（とき）—わたしたちの可能性から」（2016年）、塩谷茂樹（編訳・著）思沁夫（絵・コラム）『モンゴルのことばとなぜなぜ話』（2014年、大阪大学出版会）、などがある。言葉を学ぶのが好き。今は第9番目の言葉（フィンランド語）を攻略中。
趣味は『カラマーゾフの兄弟』をロシア語で読むこと。料理が好き。境界、限界を超える体験が好き。

深尾 葉子（ふかお・ようこ）［6］
大阪大学大学院経済学研究科准教授
専門は社会生態学・里山のグローバルマネジメント。
著書に『魂の脱植民地化とは何か』（2012年、青灯社）、『満洲の成立』（2009年、名古屋大学出版会）、『黄土高原の村』（2000年、古今書院）、などがある。
猫が好き（現在は3匹の猫と暮らす）。里山を活かす生活、経済について考えている。

長谷川 貴之（はせがわ・たかゆき）［7］
富山高等専門学校教授、日本時間学会理事（日本時間学会誌「時間学研究」編集委員長）、富山県数学教育会理事・副会長
専門は、数学教育、数理時間論。
著書に、『国語式数学Ⅰ ～一歩進んだ高校数学～』、『国語式数学Ⅱ ～一歩進んだ高校数学～』（2006年、サイエンティスト社）があるが、市販されていない大学や高専内部の教材も多数。

現在、趣味の時間がとれない。（したがって、趣味に挙げることが適切かどうかわからないが……）日本画を創画会の作家に習っていた；毎日の犬との散歩。

角 大輝（すみ・ひろき）［8］
京都大学大学院人間・環境学研究科教授
専門は、複素力学系、フラクタル幾何学。
著書に、数学書房編集部（編）『この定理が美しい』「複素数と繰り返しが織りなす世界―サリバンの遊走領域非存在定理―」p108-117（2009年、数学書房）、がある。
趣味は、将棋観戦、音楽鑑賞。
他の人が考えないことを考えることが好みです。

安冨 歩（やすとみ・あゆむ）［9］
東京大学東洋文化研究所教授
著書に、『あなたが生きづらいのは「自己嫌悪」のせいである』（2016年、大和出版）、『ありのままの私』（2015年、ぴあ）、『生きる技法』（2011年、青灯社）、などがある。
趣味は、絵画・作詞作曲・乗馬。2015年あたりから女性の服を日常的に着ている。おそらくトランスジェンダー。

栗原 佐智子（くりはら・さちこ）［10］
大阪大学出版会　編集部
大阪大学21世紀懐徳堂招へい研究員。
著書に、福井希一・栗原佐智子（編著）『キャンパスに咲く花―阪大吹田編』（2008年、大阪大学出版会）『キャンパスに咲く花―阪大豊中編』（2009年、大阪大学出版会）、がある。
趣味は、植物観察と飛行機や鉄道、船などの見物。ハイキング、ドライブ。旅先の道の駅や食品売り場でいろいろな食品を見るのが好きです。

横戸 宏紀（よこと・ひろのり）［11］
東京出版　編集部
月刊『大学への数学』編集長
数学書を読むのが好きです。日本酒が好きです。
思い立つと旅行や映画に行きます。

（執筆者一覧は刊行当時のものです）

あとがき

編者（大竹）は、日常的に、受験生や大学生の諸君と接しています。しかし、先生と呼ばれる身でありながら、考えてみれば、教育について学んだことはほとんどありません。講義では、私自らがおもしろいと思えることを、学生諸君に共感してもらいたくて、語っています。そして、学生諸君がそれをうまく受け止めて消化吸収し、結果的に、教育の形になるという有難いことになっているようです。

このように、「数学を学ぶ」ことは、学生が主体的に学ぼうとすることで初めて成立するようです。しかし、いかに学生諸君が学ぼうという意思を持つか、その理由は、きわめて多様です。本書の各先生の原稿を改めて通読すると、さまざまな視角から「数学を学ぶ」ことについて論じられています。数学を学んでいる学生諸君には、見方、考え方、感じ方の多様性は、十分に感じられると思います。

学生諸君だけでなく、その指導者、ご父兄、さらに、社会人の方々に、興味深い内容であることを確信します。

本書を企画から出版に至るまでご尽力くださった、編集部、並びに、すべての関係者に、感謝いたします。

大竹真一

どうして高校生が数学を学ばなければならないの？

2017年7月19日　初版第1刷発行　［検印廃止］

編　者　大竹真一
発行所　大阪大学出版会
代表者　三成賢次
〒565-0871　大阪府吹田市山田丘2-7
大阪大学ウエストフロント
TEL：06-6877-1614
FAX：06-6877-1617
URL：http://www.osaka-up.or.jp

カバー、中扉・デザイン　LEMONed 大前靖寿
カバー、中扉（パートⅢ）・イラスト　越智裕子
印刷・製本所　（株）遊文舎

ISBN978-4-87259-554-3　C0041